Nadia ERRAFIY
Adnane MOUTAOUAKKIL

Stress oxidativo e nitrosativo

Nadia ERRAFIY
Adnane MOUTAOUAKKIL

Stress oxidativo e nitrosativo

Resposta celular e remédio natural

ScienciaScripts

Imprint

Any brand names and product names mentioned in this book are subject to trademark, brand or patent protection and are trademarks or registered trademarks of their respective holders. The use of brand names, product names, common names, trade names, product descriptions etc. even without a particular marking in this work is in no way to be construed to mean that such names may be regarded as unrestricted in respect of trademark and brand protection legislation and could thus be used by anyone.

Cover image: www.ingimage.com

This book is a translation from the original published under ISBN 978-3-8416-3613-3.

Publisher:
Sciencia Scripts
is a trademark of
Dodo Books Indian Ocean Ltd. and OmniScriptum S.R.L publishing group

120 High Road, East Finchley, London, N2 9ED, United Kingdom
Str. Armeneasca 28/1, office 1, Chisinau MD-2012, Republic of Moldova, Europe
Printed at: see last page
ISBN: 978-620-7-70533-7

Conteúdo

INTRODUÇÃO

Nos últimos anos, o mundo das ciências biológicas e médicas foi invadido por um novo conceito, o de "stress oxidativo". Trata-se de uma situação em que a célula já não controla a presença excessiva de radicais livres. Uma situação que os investigadores implicam na maioria das doenças, como o cancro (Gerber et *al.*, 2002), a aterosclerose, as doenças neurodegenerativas (Kohen e Nyska, 2002), a artrite reumatoide, a isquemia/reperfusão e o processo degenerativo do envelhecimento biológico (Harman, 1956; Harman, 1981; Gutteridge e Halliwel, 2000).

O stress oxidativo é definido como um desequilíbrio entre os sistemas antioxidante e oxidante a favor deste último, levando à produção de espécies reactivas de oxigénio (ROS), uma fonte de potenciais efeitos tóxicos. No entanto, a formação de espécies reactivas nem sempre é acompanhada de toxicidade. Em particular, algumas espécies reactivas são intermediárias em processos fisiológicos normais (respiração celular ou fenómenos inflamatórios). Assim, em condições fisiológicas normais, os radicais livres formam-se no organismo como subprodutos de certos fenómenos biológicos. Contudo, um controlo rigoroso da sua formação e da sua eliminação através de diferentes sistemas antioxidantes protege as células dos seus efeitos nefastos. Uma produção excessiva de oxidantes e/ou um mau funcionamento dos antioxidantes pode perturbar o equilíbrio oxidativo, conduzindo ao stress celular. Para evitar as consequências do stress oxidativo, é necessário restabelecer o equilíbrio oxidante/antioxidante a fim de preservar o desempenho fisiológico do organismo.

Neste contexto, a utilização de antioxidantes naturais é uma área de interesse crescente. Alguns deles podem ser encontrados em vegetais, frutas, especiarias e extractos de plantas. As plantas aromáticas e medicinais (PAM) são também uma fonte inesgotável de substâncias com uma vasta gama de actividades biológicas e farmacológicas. Os óleos essenciais são metabolitos secundários extraídos de plantas conhecidas pelas suas propriedades terapêuticas.

Com base nestas informações e muitas outras, propusemo-nos estudar e avaliar o stress provocado por dois agentes de stress num microrganismo eucariótico unicelular conhecido pelas suas diversas aplicações como modelo celular no domínio da investigação científica: *Tetrahymena thermophila*. Este protozoário possui todos os sistemas encontrados numa célula humana: núcleo, mitocôndrias, citoesqueleto e sistemas de secreção e de resposta a mensageiros químicos, razão pela qual está a ser considerado como um modelo alternativo às células animais, em particular às células de mamíferos, para este tipo de estudo. Uma vez que o stress oxidativo pode ser minimizado pela adição de antioxidantes, interessou-nos também estudar o potencial antioxidante dos óleos essenciais em protozoários sujeitos a stress oxidativo.

Assim, o trabalho prësentë neste livro centra-se em três áreas principais:

O primeiro eixo focou no estudo dos efeitos causados pelos dois agentes de estresse (H2O2 e SNP) sobre o protozoário *T. thermophila* escolhido como modële celular. Para isso, avaliamos o efeito do estresse oxidativo causado pelo peróxido de hidrogênio (H2O2) e do estresse nitrosativo causado pelo nitroprussiato de sódio (SNP) sobre o crescimento, a morfologia e a fisiologia do protozoário.

No segundo eixo, a enzima chave do metabolismo dos hidratos de carbono, a gliceraldeído-3-fosfato desidrogenase (GAPDH), foi escolhida como modelo enzimático para avaliar as perturbações fisiológicas causadas pelo stress no protozoário *T. thermophila*. Assim, concentrámo-nos na purificação e caraterização desta enzima em *T. thermophila*. Para tal, estabelecemos um protocolo de purificação experimental utilizando a precipitação fraccionada com sulfato de amónio seguida de duas cromatografias em coluna (DEAE-celulose e Mono-S). Este protocolo permitiu-nos não só obter a GAPDH de *T. thermophila* com um elevado grau de pureza, mas também caracterizá-la pela primeira vez. A enzima pura foi utilizada como marcador metabólico para avaliar os efeitos *in vitro do* stress oxidativo induzido por H2O2 e do stress nitrosativo induzido por SNP.

Finalmente, no terceiro eixo, estudámos o potencial antioxidante dos óleos essenciais de certas plantas aromáticas e medicinais em *T. thermophila* exposta a stress oxidativo ou nitrosativo, a fim de verificar se um fornecimento de óleos essenciais pode reduzir os efeitos destes stresses a que o protozoário está sujeito. Foi também avaliada a interação sinérgica dos óleos essenciais para melhorar o potencial antioxidante de *T. thermophila exposta ao* stress.

CAPÍTULO 1

ESTUDO BIBLIOGRÁFICO

I. STRESS

I. 1 História do stress

O conceito de stress existe desde a Idade Média. [eme]Os primeiros estudos sobre o stress remontam ao final do século XIX, com o fisiologista francês Claude Bernard, que introduziu a noção de constância do meio interno, cujo princípio se baseia no facto de todos os seres vivos deverem manter uma certa estabilidade interna face às contínuas alterações do meio externo. Cinquenta anos mais tarde, a ideia foi desenvolvida pelo fisiologista americano Walter B. Cannon no seu livro "The Worm". Cannon no seu livro *The Wisdom of the Body* (Cannon, 1932). Nele, descreve os mecanismos que regem esta constância corporal, a que chama homëostasia. Foi o primeiro a utilizar a palavra stress (do latim *stringer*, que significa enrijecer, apertar), que foi buscar ao vocabulário da mecânica para descrever as tensões susceptíveis de perturbar a homostasia. No entanto, o verdadeiro ponto de viragem ocorreu nos anos 1940-1950, com o trabalho do endocrinologista canadiano de origem húngara Hans Selye, Diretor do Instituto de Medicina Experimental e Cirurgia da Universidade de Montreal, que desenvolveu a primeira teoria completa do stress "médico", definindo o stress como uma resposta não específica dada pelo organismo a qualquer exigência que lhe seja feita. Chamou a esta resposta "síndroma de adaptação geral" e distinguiu três fases: alarme, resistência e exaustão. A primeira corresponde ao conjunto das reacções do organismo a uma perturbação súbita, a segunda às respostas que o organismo dá em caso de persistência da perturbação. A fase de exaustão ocorre quando o organismo já não é capaz de se adaptar. Seguem-se as múltiplas complicações do stress, muitas vezes caracterizadas por doenças inflamatórias.

I. 2. Stress oxidativo/nitrosativo

I. 2. 1 Definição

O stress oxidativo/nitrosativo é definido como um desequilíbrio no balanço metabólico celular durante o qual a geração de oxidantes ultrapassa o sistema de defesa antioxidante (Figura 1), resultando na acumulação de radicais livres que causam danos oxidativos nas macromoléculas (Repine et *al.*, 1997). Os radicais livres que envolvem um ou mais átomos de oxigénio são designados por espécies reactivas de oxigénio (ROS) e os que envolvem um ou mais átomos de azoto são designados por espécies reactivas de azoto (RNS). Estes radicais livres são espécies químicas, atómicas ou moleculares, que contêm um ou mais electrões livres não emparelhados nas suas camadas exteriores (Lehucher-Michel et *al.*, 2001). ⋯As espécies reactivas incluem moléculas como o anião superóxido (O_2), o radical hidroxilo (OH) (Edreva, 2005), o peróxido de hidrogénio (H_2O_2) (Briviba et *al.*, 1997), o óxido nítrico (NO) e o peroxinitrito ($ONOO$) (Beckman, 1996). Embora os radicais livres sejam gerados durante os processos biológicos normais como subprodutos do metabolismo (Figura 2) e desempenhem um papel importante em certas funções biológicas, como a fagocitose, a regulação do crescimento celular e a sinalização intercelular, a sua capacidade de modificar várias moléculas no organismo é limitada, A sua capacidade de modificar várias moléculas de forma nociva é bloqueada por uma variedade de sistemas antioxidantes intra e extracelulares, incluindo sistemas enzimáticos (catalase, superóxido dismutase (SOD), glutatião peroxidase) e sistemas não enzimáticos (glutatião, vitamina C, vitamina E). Um défice destas defesas conduz a um aumento do stress oxidativo (Halliwell, 1992) e, em caso de excesso de ROS/RNS, estes últimos podem reagir com os ácidos gordos, as proteínas e o ADN, provocando danos nestes substratos. A citotoxicidade resulta do desequilíbrio entre a produção de ROS/RNS e os mecanismos de defesa antioxidantes intracelulares (Repine et *al.*, 1997). Tudo isto conduz a alterações importantes na relação estrutura-função em qualquer órgão, sistema ou grupo de células especializadas do corpo. Consequentemente, o stress oxidativo/nitrosativo é reconhecido como um mecanismo geral de danos celulares implicado na patogénese de muitas doenças (Ames et *al.*, 1993).

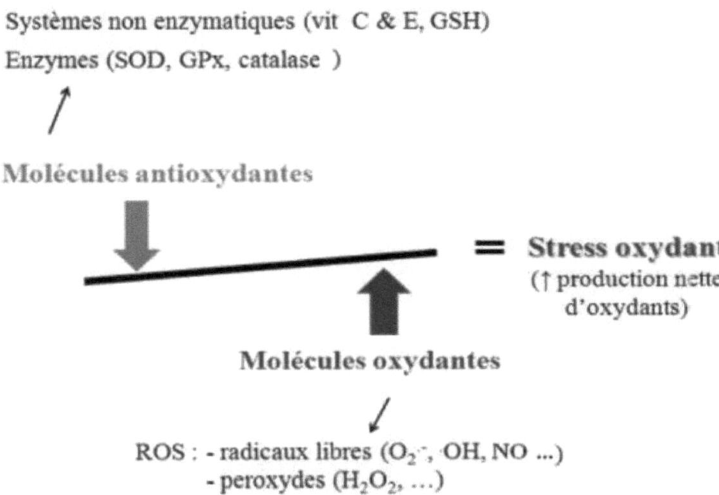

Figura 1: Equilíbrio entre moléculas oxidantes e antioxidantes

'GPx: glutatião peroxidase, GSH: glutatião redutase, H2O2: peróxido de hidrogénio, Q?': anião superóxido, OH: radical hidroxilo, NO: óxido nítrico, SOD: superóxido dismutase

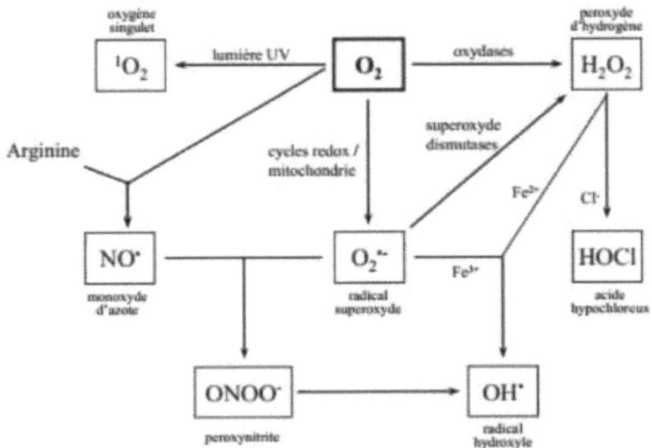

Figura 2: Mecanismo de produção endógena de ROS e RNS

1.   2.2 Fontes de ERO

Vários sistemas endógenos e exógenos podem produzir espécies reactivas de oxigénio (Stocker e Keaney, 2004).

1.   2. 2. a- Fontes endógenas

As principais fontes endógenas de ERO são as mitocôndrias, os peroxissomas, o citocromo p450 e a NADPH oxidase (Figura 3).

- As mitocôndrias

A mitocôndria, um organelo que utiliza o oxigénio para produzir ATP, é a principal fonte de radicais livres nas células eucarióticas (Yu, 1994). As espécies reactivas ao oxigénio são produzidas principalmente durante a fosforilação oxidativa; uma cadeia de reacções acopladas catalisadas enzimaticamente por uma série de complexos situc na membrana interna. Estes complexos são numerados de I a IV. Os radicais livres são produzidos principalmente nos complexos I e III da cadeia de transporte de electrões (Cross et jones, 1991; Finaud et al., 2006). ¨Cerca de 5-10% do oxigénio total que chega à mitocôndria é reduzido pela ação dos clectrões dos transportadores da cadeia respiratória a anião superóxido (O_2) que, através da ação da superóxido dismutase, dá origem a peróxido de hidrogénio, que por sua vez se transforma em radical hidroxilo através da reação de Haber-Weiss (Boveris e Cadenas, 1975).

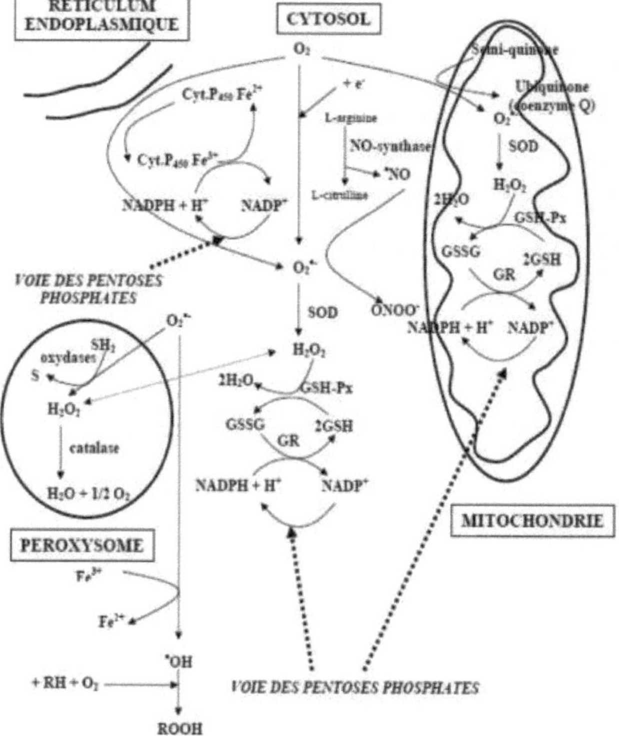

Figura 3: Principais fontes celulares de ROS/RNS (*após Bonnefont-Rousselot, 2003*)

-   **Peroxissomas**

Os peroxissomas são organelos intracelulares limitados por uma única membrana e desprovidos de ADN. Participam em numerosas vias metabólicas, como a β- oxidação de ácidos gordos de cadeia muito longa. Estes organelos têm uma elevada capacidade de produzir peróxido de hidrogénio (Boveris e Chance, 1973) devido ao elevado teor de oxidases. Estas oxidases catalisam a redução do oxigénio divalente sem a formação de radicais superóxidos.

- **Citocromo p450**

Este sistema é capaz de reduzir substâncias com a subsequente formação de radicais livres por um processo monovalente. Vários estudos demonstraram o envolvimento deste sistema na produção de radicais livres. Por exemplo, a eliminação de xenobióticos e de compostos químicos estranhos pela ação do citocromo p450 leva à formação de radicais livres. Com efeito, foi demonstrado que, nos monócitos alveolares de tipo II, a redução do paraquato (um herbicida potente) conduz à formação de um radical catiónico que reage com o oxigénio molecular para produzir O_2 (Ryrfeldt et *al.*, 1993). Outro estudo mostrou que, no fígado, a eliminação do etanol pelo citocromo p450 leva à formação do radical hidroxietilo (CH3-C HOH) (Poli, 1993).

- **NADPH oxidase**

A NADPH oxidase é considerada a fonte mais importante de anião superóxido nas células vasculares e nos fagócitos (Griendling et *al.*, 2000). A NADPH oxidase utiliza o oxigénio para produzir grandes quantidades de anião superóxido na membrana celular. Nos macrófagos, a NADPH oxidase elimina as bactérias sequestradas através da produção de ROS. Foi demonstrado que o H2O2 pode ativar as NADPH oxidases em células não fagocíticas para induzir um aumento da concentração de ROS (Li et *al.*, 2001).

I. 2. 2. b- Fontes exógenas

Para além dos sistemas endógenos, existem fontes exógenas que produzem ROS. O ambiente que nos rodeia favorece a exposição aos numerosos radicais livres gerados pela poluição, pela luz solar e por outras radiações. Encontram-se no ar substâncias como o dióxido de azoto, o ozono e o óxido nítrico. O fumo do tabaco, por sua vez, contém concentrações elevadas de óxido nítrico, radicais peróxidos e carbono, o que o torna uma fonte importante de radicais livres. Do mesmo modo, o álcool e certas drogas são fontes importantes de radicais livres gerados pela sua oxidação no citocromo p450 (Favier, 2003). Por outro lado, tanto as radiações ionizantes como os raios solares podem ativar um grande número de átomos e de moléculas, nomeadamente de oxigénio, favorecendo a produção de tripletos excitados por alteração das orbitais electrónicas (Foote, 1982).

I. 2. 3 Fontes de RNS

O óxido nítrico (NO), produzido em condições fisiológicas, regula inúmeras funções celulares através da modificação pós-traducional de várias proteínas. Isto ocorre principalmente ao nível dos resíduos de cisteína (S-nitrosilação). Em concentrações fisiológicas, o anião superóxido promove esta reação. No entanto, em concentrações patológicas, esta molécula interfere com a S-nitrosilação, interagindo diretamente com as proteínas e unindo-se ao óxido nítrico, formando assim RNS. O peroxinitrito (ONOO), tal como outros RNS, é formado pela reação do anião superóxido com o óxido nítrico (Beckman et *al.*, 1990).

I. 2. 4 Tipos de ROS/RNS

Existem vários tipos de radicais livres derivados do oxigénio e do azoto. Os mais importantes são resumidos de seguida:

I. 2. 4. a- Anião superóxido (O2)

O radical superóxido resulta da redução monovalente do oxigénio molecular, que captura um eletrão. Contrariamente a outros radicais livres caracterizados pela sua grande reatividade, o anião superóxido só é capaz de reagir eficazmente com um número limitado de moléculas (Halliwell, 1996). A dismutação deste anião superóxido conduz à formação de oxigénio fundamental e de peróxido de hidrogénio.

$$2\ O_2^- + 2H^+ \rightarrow H_2O_2 + O_2$$

¨Por outro lado, o anião superóxido pode atuar como uma base de Bronsted, capturando um protão e dando origem ao radical hidroperoxilo (HO_2), que é mais reativo do que o O_2 (Fridovich, 1997).

$$O_2^- + H^+ \rightarrow HO_2^{\cdot}$$

I. 2. 4. b- Peróxido de hidrogénio (H_2O_2)

O peróxido de hidrogénio, não tendo electrões desemparelhados na sua camada exterior, não é um radical livre no verdadeiro sentido da palavra. É a forma menos reactiva dos ERO. A sua importância reside no facto de participar em numerosas reacções que conduzem à formação de radicais livres. Além disso, a sua capacidade de atravessar as membranas biológicas permite-lhe desencadear reacções de oxidação na célula a uma grande distância do local onde é produzido.

Pode provir de uma variedade de fontes:

- Redução direta de uma molécula de oxigénio por dois electrões (Fridovich, 1997):

$$2O_2 + 2e^- + 2H^+ \rightarrow H_2O_2$$

- Desmutação do anião superóxido (Cheeseman e Slater, 1993; Frei, 1994),
- Produto de certas enzimas, como a glucose oxidase, que catalisa a oxidação da glucose em peróxido de hidrogénio e D-glucono-6-lactona (Fridovich, 1986),
- Rë reacções químicas, tais como a auto-oxidação do ácido ascórbico catalisada pelo cobre (Korycka-Dahi e Richardson, 1981).

1. 2. 4. c- O radical hidroxilo (OH)

É obtido quando o oxigénio molecular é reduzido em 3 electrões. É o mais instável e reativo de todos os dërivëes de oxigénio. Tem uma meia-vida na ordem dos nanossegundos, o que lhe permite reagir com numerosas espécies moleculares (proteínas, lípidos, ADN) na vizinhança do seu local de formação (Cheeseman e Slater, 1993). Este radical é gerado por diferentes processos:

- Lise da molécula de água ou do peróxido de hidrogénio por ação das radiações ionizantes (Cheeseman e Slater, 1993). O radical hidroxilo pode formar-se *in vivo* na sequência de radiações de alta energia (raios X, RAIOS Y) que provocam a rutura homolítica da molécula de água (a). A luz UV não tem energia suficiente para dividir uma molécula de água, mas pode dividir o peróxido de hidrogénio em duas moléculas de radical hidroxilo (b).

$$\text{(a)} \quad H_2O + h\upsilon \rightarrow OH^{\cdot} + H^{\cdot}$$

$$\text{(b)} \quad H_2O_2 + UV \rightarrow 2OH^{\cdot}$$

- Redução do H2O2 por metais de transição como o ferro ou o cobre (Frei, 1994). O processo mais importante na formação do radical hidroxilo é a reação de Fenton.

$$H_2O_2 + Fe^{2+} \rightarrow Fe^{3+} + OH^- + OH^{\cdot}$$

- Pode também ser gerado a partir do peróxido de hidrogénio e do radical superóxido através da reação de Haber-Weiss.

$$H_2O_2 + O_2^{\cdot-} \rightarrow O_2 + OH^- + OH^{\cdot}$$

1. ·2. 4. d- Óxido nítrico (NO)

O óxido nítrico (NO) pertence ao grupo das espécies reactivas de azoto (RNS). É um gás inorgânico com um eletrão livre, o que lhe confere uma grande instabilidade química, caraterística comum a todos os radicais livres. É uma molécula de baixo peso molecular, altamente lipofílica e hidrossolúvel, com uma semi-vida relativamente longa (3-5 segundos) em comparação com outros ERO. ·Na sua forma radicalar (NO), o óxido nítrico tem um eletrão não emparelhado na sua orbital externa. $^{+-}$A perda deste eletrão resulta na formação do catião nitrosónio (NO), enquanto que o ganho de um eletrão forma o radical nitroxilo (NO). Cada um destes compostos tem propriedades específicas e reactiva-se (Stamler et *al.*, 1992). ¯ Através das suas diversas formas redox, o NO constitui um precursor de outras espécies mais reactivas, reagindo com o O2 para formar um poderoso oxidante, o peroxinitrito (ONOO^), que pode decompor-se secundariamente noutros oxidantes, como o NO2 e o OH ¸Densiov e Afanas'ev, 2005). É formado por uma reação enzimática em que a óxido nítrico sintase (NOS) catalisa a conversão da L-arginina em L-citrulina (Figura 4) (Moncada et *al.*, 1991). É sintetizada por uma grande variedade de tipos de células, incluindo macrófagos, células endoteliais, neutrófilos, hepatócitos e neurónios. Desempenha um papel fundamental em muitos processos fisiológicos, nomeadamente na regulação da pressão arterial, no mecanismo de defesa, na inibição da agregação plaquetária, na neurotransmissão e na regulação imunitária (Valko et *al.*, 2007). Estudos realizados em microrganismos demonstraram que o NO induz a expressão de genes envolvidos nas respostas ao stress oxidativo e na transdução de sinais de patogenicidade e resistência (Crane et *al.*, 2010; Meilhoc et *al.*, 2010).

$$O2 + Arginina + NADPH \wedge NO. + Citrulina + H2O + NADP+.$$

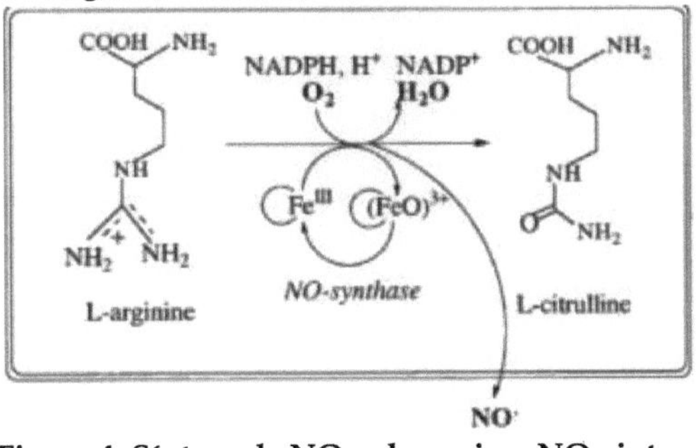

Figura 4: Síntese de NO pela enzima NO-sintase

O NO e alguns dos seus derivados estão envolvidos na modulação da atividade das proteínas através de três tipos principais de modificações pós-traducionais: metal-nitrosilação, nitração da tirosina (Tyr) e S-nitrosilação (Figura 5) (Besson-bard et *al.*, 2008; Hess et *al.*, 2005).

- **Metal-nitrosilação**

A metal-nitrosilação é um mecanismo reversível que envolve o estabelecimento de uma ligação covalente entre o NO· e um metal de transição de uma metaloproteína. O NO·, como dador de electrões, reage com metais de transição como o ferro, o cobre ou o zinco, levando à formação de complexos mëtal-nitrosilo.

- **Nitração da tirosina**

Isto envolve a adição de um grupo NO2+ a um resíduo Tyr de uma protamina, levando à formação de 3-nitrosotirosina. Esta modificação pós-translacional é geralmente irreversível (Hanafy et *al.*, 2001).

- **S-nitrosilação**

A S-nitrosilação envolve a incorporação covalente de NO no grupo tiol de um resíduo de cistina (Cys) de uma protamina, levando à formação de S-nitrosotiol (S-NO, Hess et *al.*, 2005). A S-nitrosilação é uma forma de modificação pós-traducional de protëinas que exibe semelhanças com a fosforilação (Anand e Stamler, 2012). É consideradaërëe como um mëcanismo de sinalização (Hoffmann et *al.*, 2003), prëcisëment cibM (Sun et *al.*, 2001), reversível e necessária para respostas celulares spëcificadas (Hess et *al.*, 2005).

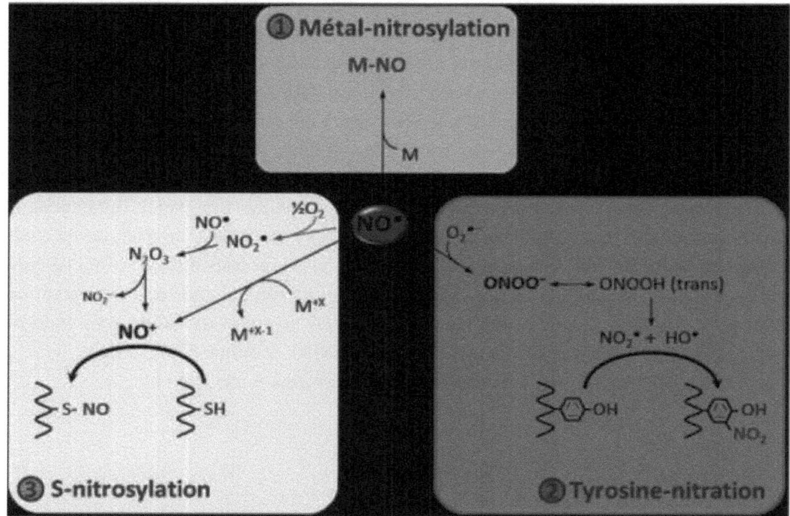

Figura 5: Modificações pós-traducionais induzidas pelo NO (*segundo Besson-Bard et al., 2008*)

I. 2. 5 Funções dos ROS/RNS

Sabe-se que as ROS e os RNS desempenham um papel duplo: como espécies benéficas e como espécies prejudiciais. Em níveis fisiológicos baixos, servem como mensageiros de sinalização mediando várias reacções biológicas, incluindo a expressão genética, a proliferação celular, a angiogénese, a imunidade inata, a morte celular programada e a senescência (Dowling e Simmons, 2009; Scherz-shouval e Elazar, 2011). Por outro lado, em níveis elevados, estas moléculas reactivas podem ter efeitos nocivos, causando danos oxidativos nas macromoléculas biológicas e perturbando o equilíbrio redox celular (Dowling e Simmons, 2009; Acharya et *al.*, 2010).

A perturbação da homeostase por ROS/RNS é geralmente considerada um fator de risco para o início e a progressão de doenças como a aterosclerose, a diabetes, a neurodegenerescência e o cancro (Dowling e Simmons, 2009; Salmon et *al.*, 2010). Os efeitos benéficos ou prejudiciais das ROS/RNS dependem do local, do tipo e da quantidade de ROS/RNS produzidas, bem como da atividade do sistema de defesa antioxidante (Circu e Aw, 2010).

As ROS/RNS endógenas podem ser geradas como função principal de um sistema enzimático (por exemplo, as NADPH oxidases que são activadas em resposta a receptores activos), como subprodutos de outras reacções biológicas (a cadeia de transporte de electrões mitocondrial) ou por oxidações catalisadas por metais (reação de Fenton) (Powers e Jackson, 2008).

I. 2. 6 Consequências biológicas dos ERO/RNS

Um excesso de ROS/RNS resulta no aparecimento de danos celulares frequentemente irreversíveis, sendo os alvos biológicos mais vulneráveis o ADN, os lípidos e as proteínas (Halliwell e Whiteman, 2004; Valko et al., 2006) (Figura 6).

I. 2. 6. a- Oxidação do ADN

O ADN é altamente sensível ao ataque dos radicais livres. As bases purina e pirimidina e a desoxirribose são os principais alvos das ROS/RNS. Estas são depois transformadas em produtos de fragmentação e em bases oxidadas (Martinez-Cayuela, 1995). Os radicais livres, nomeadamente o radical hidroxilo, têm uma forte afinidade para reagir com as bases purínicas e pirimidínicas, bem como com as pentoses riboses e desoxirriboses, modificando assim a estrutura do ADN. As ROS/RNS induzem um aumento do número de mutações, sobreposições, quebras cromatídicas e perda de fragmentos cromossómicos (Roche e Romero-Alvira, 1996).

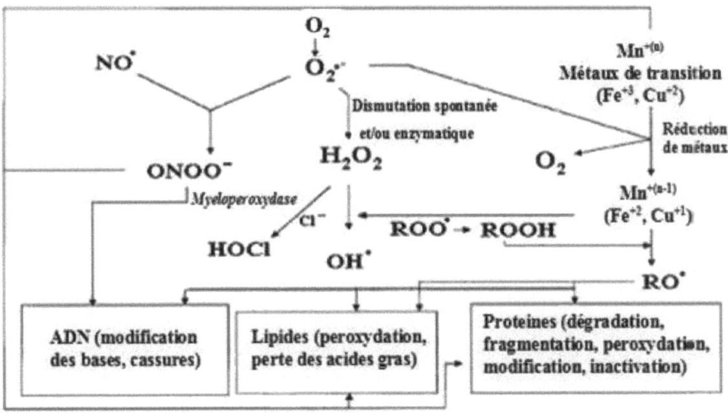

Figura 6: Alvos biológicos dos ROS/RNS (*segundo Kohen e Nyska, 2002*)

A interação dos ERO com o ADN pode ocorrer diretamente (no caso do OH) ou indiretamente na presença de metais de transição que permitem a formação subsequente de radicais hidroxilo (no caso do H2O2 e do O2). A este respeito, é de notar que o H2O2 é altamente tóxico devido à sua capacidade de atravessar membranas e produzir radicais hidroxilo.

I. 2. 6. b- Oxidação das proteínas

Nas proteínas, os aminoácidos são um alvo das ROS/RNS, quer na cadeia lateral, com a formação de produtos de oxidação, quer na ligação peptídica, levando à fragmentação da cadeia (Berlett e Stadtman, 1997). Os danos radicais nas proteínas podem ser classificados em dois tipos: (i) ataques difusos que provocam alterações gerais e (ii) ataques direccionados que provocam alterações em pontos específicos da proteína. Os primeiros (i) são as quebras observadas após a exposição a radiações ionizantes e ao ozono. As segundas (ii) são causadas por derivados oxidados de tipo lipídico ou de tipo hidrato de carbono que reagem com os grupos funcionais das proteínas (Stadtman e Berlett, 1998). Os aminoácidos mais sensíveis são os aminoácidos sulfurados (cisteína e metionina) e os aminoácidos aromáticos (tirosina e triptofano). A oxidação dos aminoácidos gera grupos hidroxilo e carbonilo nas proteínas, mas pode também induzir modificações estruturais mais significativas, como as ligações cruzadas intra ou intermoleculares, que afectam a sua função, antigenicidade e atividade (Martinez-Cayuela, 1995; Lehucher-Michel et al., 2001; Valko et al., 2007). As proteínas modificadas tornam-se geralmente mais sensíveis à ação das proteases e são então dirigidas para a degradação proteolítica pelo proteassoma (Jung et al., 2007).

I. 2. 6. c- Peroxidação lipídica

Os ácidos gordos polinsaturados (AGPI) são alvos privilegiados dos ROS/RNS (Davies, 2000), cujos danos oxidativos são conhecidos como peroxidação lipídica. A peroxidação lipídica pode ser definida como uma lesão oxidativa dos ácidos gordos poli-insaturados produzida por um processo autocatalítico incontrolável (Figura 7). Representa uma forma de produção de danos nos tecidos e células geralmente iniciada por ROS/RNS, formando uma cascata de reacções com a produção de radicais livres e a formação de peróxidos orgânicos e outros produtos a partir de ácidos gordos insaturados (Dias et al., 1998). Os produtos de oxidação formados podem participar como segundos mensageiros na regulação das funções metabólicas, da expressão génica e da proliferação celular. Acima de tudo, podem também atuar como substâncias tóxicas responsáveis por disfunções e danos celulares (perda de ácidos gordos polinsaturados, redução da fluidez das membranas, alteração da atividade das enzimas e dos receptores membranares, libertação de material do compartimento subcelular) (Beckman e Ames, 1998; Lehucher-Michel, 2001).

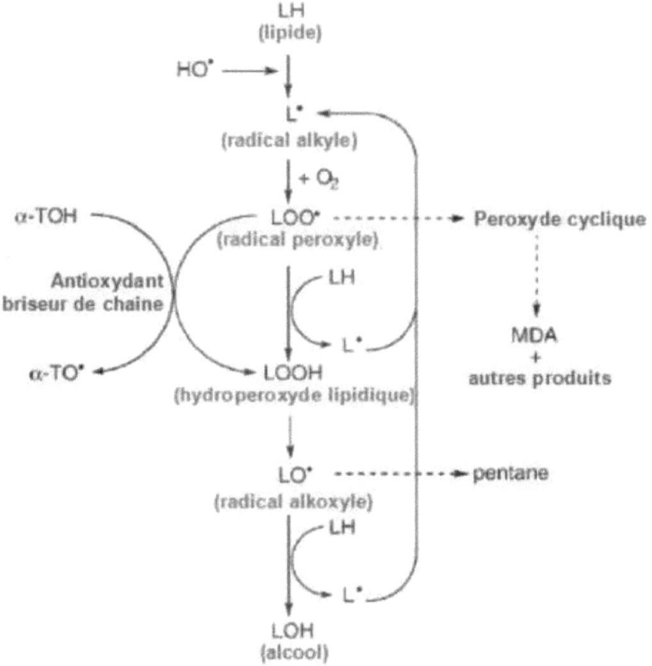

Figura 7: Peroxidação lipídica (*segundo Sachdev e Davies, 2008*)

HO\ Radical hidroxilo, LH: Ácido gordo, MDA: Malondialdeído,
O2 : Oxigénio, a-TOH: Tocoferol, a-TO : Derivado do tocoferoxilo

A peroxidação lipídica é uma reação em cadeia que ocorre em três fases (Figura 7):

- **Introdução :**

Esta ëtape inicia-se com o ataque dos ácidos gordos insaturados por radicais livres, com a subtração de um átomo de hidrogénio de um metilo da cadeia lipídica, gerando um radical de carbono (Halliwell e Chirico, 1993). "Entre os radicais livres que provocam estes processos estão o radical hidroxilo e a forma protonada do anião superóxido (Bielski et *al.*, 1983) (o OH retira um átomo de hidrogénio do CH2 e depois as ligações duplas sofrem um rearranjo molecular levando à formação de dienos conjugados), na presença de O2 o radical carbono transforma-se no radical peroxilo (RO 2) (Martinez-Cayuela, 1995).

- **Propagação :**

Também conhecida como iniciação secundária. Trata-se da ativação da peroxidação por um radical lipídico. "O radical RO 2 retira um hidrogénio de um novo PUFA vizinho, que por sua vez produz um radical R e depois um radical RO 2. Inicia-se uma reação em cadeia autocatalítica. Na presença de metais de transição, os hidroperóxidos (LOOH) formados podem sofrer clivagem nas ligações C-C para dar origem a vários produtos de decomposição, nomeadamente o malondialdeído (MDA) e a 4-hidroxinona, os produtos mais tóxicos da peroxidação lipídica (Martinez-Cayuela, 1995; Lehucher-Michel, 2001).

- **Cessação :**

Esta fase consiste na formação de compostos estáveis (não radicais) resultantes do encontro de duas espécies radicais ou, mais frequentemente, da reação de um radical com uma molécula antioxidante conhecida como "quebra-cadeias" (Kohen e Nyska, 2002).

II. ANTIOXIDANTES

II. 1 Definição

Para contrabalançar o stress oxidativo e nitrosativo, as células utilizam uma vasta gama de mecanismos de defesa enzimáticos e não enzimáticos conhecidos como antioxidantes (Powers e Jackson, 2008). Um antioxidante pode ser definido como uma substância capaz, a baixa concentração, de entrar em competição com outros substratos oxidáveis, retardando ou inibindo assim a oxidação desses substratos (Berger, 2006).

II. 2 Categorias de antioxidantes

II. 2. 1 Antioxidantes enzimáticos

Os antioxidantes enzimáticos têm uma grande afinidade com os ERO. Reagem muito rapidamente com estas espécies para as neutralizar (Muzykantov, 2001). As principais enzimas envolvidas são a catalase (Cat), a superóxido dismutase (SOD), a glutatião peroxidase (GPx) e a glutatião redutase (GR) (Figura 8).

II. 2. 1. a- Superóxido dismutase

$^{-+}$A SOD é uma das primeiras barreiras de defesa antioxidante, catalisando a dismutação do O_2 em H_2O_2 na seguinte reação: $2O_2{''} + 2H \wedge H_2O_2 + o_2$. Existem três isoformas de SOD: SOD ferrosa (Fe-SOD), SOD de cobre (Cu-SOD) e SOD de manganésio (Mn-SOD), que diferem consoante a localização cromossómica do gene, o seu teor de metal, a sua estrutura quaternária e a sua localização celular (Zelko et *al.*, 2002).

II. 2. 1. b- Catalase

A catalase é uma enzima que catalisa a reação de desintoxicação do H_2O_2 por transformação em H_2O e O_2 de acordo com a seguinte reação:

$$2\,H_2O_2 \rightarrow O_2 + 2\,H_2O$$ (Wassman et *al.*, 2004)

A catalase encontra-se normalmente nos peroxissomas e é mais ativa quando os níveis de stress oxidativo são elevados. Desempenha um papel importante no desenvolvimento da tolerância ao stress oxidativo na resposta adaptativa das células (Wassman et *al.*, 2004).

II. 2. 1. c- Glutatião peroxidase e glutatião redutase

A GPx e a GR estão localizadas no citosol e na mitocôndria. A GPx é uma proteína constituída por 4 subunidades idênticas, cada uma contendo um resíduo de selenocisteína essencial para a sua atividade enzimática. Desempenha um papel importante na desintoxicação do H_2O_2. Actua em sinergia com a SOD, uma vez que a sua função é acelerar a dismutação do H_2O_2 em H_2O e o_2, mas pode também catalisar a redução de outros hidroperóxidos (ROOH) utilizando o poder redutor do glutatião (GSH).

O papel da GR é regenerar a GSH a partir do dissulfureto de glutatião (GSSG) utilizando NADPH como cofator (Martinez-cayuela, 1995; Sorg, 2004).

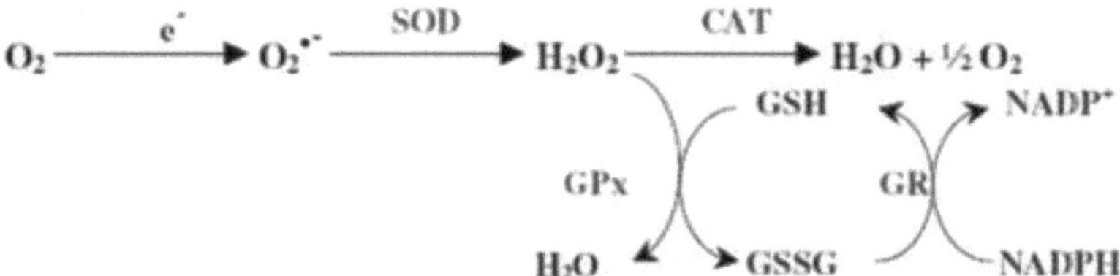

Figura 8: Antioxidantes enzimáticos

II. 2. 2 Antioxidantes não enzimáticos

Este grupo de antioxidantes inclui substâncias endógenas sintetizadas pela célula (glutatião) e substâncias exógenas fornecidas pela dieta, como a vitamina E (a-tocoferol) e a vitamina C (ácido ascórbico). Estas últimas actuam capturando os radicais livres através da neutralização dos electrões não emparelhados, permitindo a sua transformação em moléculas estáveis (Pincemail et al., 2002; Koechlin-ramonatxo, 2006).

II. 2. 2. a- Glutatião

O glutatião reduzido (GSH) permite reduzir o H2O2 a H2O através da reação catalisada pela glutatião peroxidase (GPx). Pode também reduzir os radicais formados pela oxidação das vitaminas E e C, diminuindo assim o nível de peroxidação lipídica (Packer et al., 1997; Powers e Lennon, 1999). A relação entre o glutatião reduzido e o óxido de glutatião (GSH/GSSG) é frequentemente utilizada como marcador do stress oxidativo, porque quanto maior for o fluxo de H2O2, mais glutatião reduzido é consumido e mais elevado é o óxido de glutatião (Ji e Mitchell, 1992).

II. 2. 2. b- Vitamina E

Devido à sua lipossolubilidade, a vitamina E (a-tocoferol) é o antioxidante mais importante dos lípidos (Vertuani et al., 2004). Liga-se às membranas celulares, sequestrando assim os radicais livres e impedindo a propagação das reacções de peroxidação lipídica (Packer et al., 1997; Evans, 2000). A vitamina E actua de duas formas diferentes, capturando diretamente os ERO ou regulando as enzimas antioxidantes.

II. 2. 2. c- Vitamina C

A vitamina C, sendo hidrossolúvel, encontra-se principalmente no citosol e no fluido extracelular. A sua ação pode ser direta, capturando O2" e OH, ou indireta, contribuindo para a regeneração do a-tocoferol, tornando assim a vitamina E mais eficaz (Packer et al., 1997; Evans, 2000).

Por outro lado, como o papel dos antioxidantes foi estabelecido para estimular as defesas celulares contra o stress oxidativo, um fornecimento exógeno de antioxidantes pode contribuir eficazmente para contrariar os efeitos nocivos deste stress. A maioria destes antioxidantes exógenos provém de plantas (frutos, legumes ou plantas). Assim, os óleos essenciais e os metabolitos secundários das plantas podem desempenhar um papel importante na prevenção e/ou remissão do stress.

II.3 Óleos essenciais

II. 3. 1 Aspectos gerais e definição

Os óleos essenciais, também chamados de essências, são produtos oleosos, voláteis e odoríferos formados pelas plantas aromáticas como metabólitos secundários e presentes, em pequenas quantidades em relação à massa do vëgëtal, na forma de minúsculas gotículas em folhas, casca de frutas, resina, galhos, raízes e casca de madeira. Podem ser obtidas por expressão, fermentação, enfleurage ou extração. O método mais utilizado é a destilação a vapor (hidrodestilação). Os óleos essenciais são conhecidos pelas suas propriedades anti-sépticas. Para além das suas propriedades antibacterianas (Deans e Ritchie, 1987; Mourey e Canillac, 2002), os óleos essenciais ou os seus componentes demonstraram ter propriedades antivirais (Koch et *al*, 2008), antifúngicos (Zabka et *al.*, 2009; Mishra et *al.*, 2012), anti-toxigénicos (Atanda et *al.*, 2007), antiparasitários (Machado et *al.*, 2011) e insecticidas (Maciel et *al.*, 2010; Tozlua et *al.*, 2011). Alguns óleos essenciais parecem ter propriedades medicinais específicas para curar disfunções orgânicas ou distúrbios sistémicos (Silva et *al.*, 2003; Perry et *al.*, 2003).

Atualmente, são conhecidos cerca de 3.000 óleos essenciais em todo o mundo. Trezentos destes são comercializados, principalmente para as indústrias farmacêutica, agronómica, alimentar, de saúde, cosmética e de perfumaria.

II.3.2 Estado natural e distribuição

Os óleos essenciais são produzidos no citoplasma de certas células vegetais. Separam-se do citoplasma por sinérese sob a forma de pequenas gotículas que se confluem para formar manchas mais ou menos extensas. Estas células secretoras podem ser encontradas em todos os órgãos da planta (órgãos vegetativos e órgãos reprodutivos), como os pêlos secretores ou as células de essência. Os óleos essenciais são líquidos, voláteis, límpidos, raramente corados, solúveis em lípidos e em solventes orgânicos, com uma densidade geralmente inferior à da água.

Na natureza, os óleos essenciais desempenham um papel importante na proteção das plantas, como antibacterianos, antivirais, antifúngicos, insecticidas e herbicidas. Podem também atrair certos insectos para ajudar a dispersar o pólen e as sementes, ou repelir outros indesejáveis.

Os óleos essenciais são extraídos de uma variedade de plantas aromáticas, geralmente encontradas em regiões temperadas do mundo, mas também em climas quentes como o Mediterrâneo e em países tropicais, onde constituem uma parte importante da farmacopeia tradicional.

II. 3.3 Composição química

Os óleos essenciais são misturas complexas que podem conter mais de 60% de compostos diferentes. Caracterizam-se por dois ou três componentes principais em concentrações bastante elevadas (20-70%) em comparação com outros componentes presentes em quantidades ínfimas (Senatore, 1996). De um modo geral, estes componentes principais determinam as propriedades biológicas dos óleos essenciais. Estes componentes são principalmente carbonetos de terpenos e os seus derivados de oxidação, bem como derivados aromáticos e alifáticos, caracterizados por baixos pesos moleculares (Bakkali et *al.*, 2007).

II. 3. 4 Classificação dos óleos essenciais

11. 3. 4. a- Terpenos

Os terpenos são hidrocarbonetos naturais com uma estrutura cíclica ou linear. Estruturalmente e funcionalmente, formam classes diferentes. A união de duas moléculas com 5 ou mais átomos de carbono (isopreno) permite construir teoricamente a maioria dos terpenos. Esta é a regra da cadeia isoprénica de Ruzicka (1953). No entanto, o isopreno nunca foi encontrado livre na natureza. A sua classificação baseia-se no número de repetições da unidade de base isopreno: hemiterpenos (C5), monoterpenos (C10), sesquiterpenos (C15), diterpenos (C20), sesterpenos (C25), triterpenos (C30), tetraterpenos (C40) e politerpenos. Um terpeno que contém um oxigénio é designado por terpenóide. A reatividade dos catiões intermédios obtidos durante o processo biossintético dos mono e sesquiterpenos explica a existência de um grande número de moléculas derivadas.

- **Hemiterpenos**: existem poucos compostos naturais com uma fórmula C5 ramificada. Apenas o isopreno apresenta todas as características biogenéticas dos terpenos (Loomis e Croteau, 1980).

- **Monoterpenos**: derivados do acoplamento de duas unidades de isopreno (C10) (Allen et *al.*, 1977). São as moléculas mais representativas, constituindo 90% dos óleos essenciais e permitindo uma grande variedade de estruturas (acíclicas, monocíclicas e dicíclicas). São constituídos por várias funções, tais como carbonetos, álcoois, aldeídos, cetonas, ésteres, éteres, fenóis e peróxidos.

- **Sesquiterpenos**: são formados pela reunião de três unidades de isopreno (C15). O prolongamento da cadeia aumenta o número de ciclizações, permitindo uma grande variedade de estruturas. A estrutura e a função dos sesquiterpenos são semelhantes às dos monoterpenos.

II. 3. 4. b- Compostos aromáticos

Derivados do fenilpropano, os compostos aromáticos são menos comuns do que os terpenos. As vias para a biossíntese dos terpenos e dos derivados do fenilpropano são geralmente separadas nas plantas, mas podem coexistir em alguns casos. Estes compostos aromáticos incluem aldeídos (cinamaldeído), álcoois (álcool cinâmico), fenóis (chavicol e eugenol), derivados metoxilados (metileugenol) e compostos metilenodioxilados (safrol). As plantas que contêm grandes quantidades destes compostos são o anis, a canela, o cravinho, o funcho, o estragão, a salsa e certas plantas pertencentes às seguintes famílias botânicas: Apiaceae, Lamiaceae, Myrtaceae e Rutaceae (Bakkali et *al.*, 2007).

II. 3. 5 Extração de óleos essenciais

Vários processos de extração são normalmente utilizados para obter óleos essenciais. A escolha do processo varia de acordo com a natureza do material vegetal a ser tratado (Guenther, 1972).

11. 3. 5. a- Extração por destilação

Com exceção dos óleos essenciais hesperídicos (limão, laranja, etc.), a maior parte dos óleos essenciais são obtidos por destilação a vapor. Este método baseia-se na existência de um azeótropo com um ponto de ebulição inferior aos pontos de ebulição dos dois compostos considerados separadamente (o óleo essencial e a água). Deste modo, os compostos voláteis e a água destilam simultaneamente a uma temperatura inferior a 100°C e à pressão atmosférica normal. Os produtos aromáticos são arrastados pelo vapor sem sofrerem grandes alterações (Franchomme e Penoël, 1990). Existem três processos físico-químicos diferentes que utilizam este princípio.

- **Hidrodestilação**: Este é o método mais simples e, por conseguinte, o mais antigo. Consiste em mergulhar o material vegetal diretamente num alambique cheio de água, colocado sobre uma fonte de calor e depois levado à ebulição. Os vapores heterogéneos são condensados sobre uma superfície fria e o óleo essencial separa-se por diferença de densidade (Clergeaud, 2000).

- **Destilação a vapor**: A matéria vegetal não é macerada diretamente na água. É colocado numa grelha perfurada sobre a base do alambique, através da qual passa o vapor. À medida que o vapor atravessa o material, as células rebentam, libertando o óleo essencial, que é vaporizado sob a ação do calor para formar uma mistura de "água-óleo essencial". A mistura é então transportada para o condensador antes de ser separada no essenciador numa fase aquosa e numa fase orgânica (óleo essencial). Este método melhora a qualidade do óleo essencial, minimizando as alterações hidrolíticas.

- **Hidrodifusão**: Esta é uma variante da extração de vapor. O princípio da extração baseia-se na ação descendente de um fluxo de vapor que passa através do vëgëtal a pressão reduzida. Este procëdë permite poupar tempo e energia na extração.

II. 3. 5. b- Extração por expressão

É utilizada nomeadamente no caso de certas essências de citrinos (limão e laranja). O processo de expressão a frio das raspas é efectuado manualmente ou através de uma máquina. As raspas são dilacërësadas e o conteúdo das bolsas de sëcrëtrices rompidas é rëcupërë por um procëdë físico. O procëdë clássico consiste em exercer, sob uma corrente de água, uma ação abrasiva sobre a superfície do fruto. Uma vez removidos os resíduos sólidos, o óleo essencial é separado da fase aquosa por centrifugação. Outros equipamentos rompem as bolsas por dëpressão e recolhem diretamente o óleo essencial, o que evita as dëgradações devidas à ação da água. De facto, a maioria das instalações permite a recuperação simultânea ou sequencial do sumo de fruta e do óleo essencial, sendo este último recolhido por jato de água após abrasão (arranhões, pontas) antes ou durante a expressão do sumo de fruta. O tratamento enzimático das águas residuais pode permitir a sua reciclagem e aumentar significativamente o rendimento final do óleo essencial. Os óleos essenciais de citrinos são também obtidos diretamente a partir de sumos de fruta por desoleamento a vácuo (Clergeaud, 2000).

II. 3. 5. c- Extração por solventes

Esta técnica consiste em submeter a matéria vegetal à ação repetida de um solvente não aquoso, que é em seguida eliminado por destilação a pressão reduzida, dando origem a um produto aromático semi-sólido designado por betão. O solvente pode ser um dos solventes habituais utilizados em química orgânica (hexano, éter de petróleo), mas também gorduras, óleos ou mesmo gases. Estes solventes têm um poder de extração superior ao da água, pelo que os extractos contêm não só compostos voláteis mas também compostos não voláteis, como ceras, pigmentos, ácidos gordos e muitos outros (Richard, 1992; Robert, 2000). O tratamento do betão com etanol permite a separação parcial das gorduras e das ceras. Após a destilação do álcool, o produto obtido é designado por absoluto, cuja composição é semelhante à de um óleo essencial (Proust, 2006). A extração com solventes orgânicos coloca um problema de toxicidade dos solventes residuais, que não é negligenciável quando o extrato se destina à indústria farmacêutica e alimentar (Bruneton, 1999).

II. 3. 5. d- Extração por enfleurage

Consiste em pôr a flor em contacto com uma substância gordurosa que fica saturada com a essência, depois esta substância gordurosa é consumida por um solvente que é evaporado no vácuo. Este método delicado e dispendioso foi substituído pela extração por solventes.

II. 3. 5. e- Extração com fluidos supercríticos

Esta técnica de extração envolve a utilização de fluidos supercríticos, que têm propriedades diferentes das de um gás ou de um líquido (entre os dois). Têm uma viscosidade próxima da de um gás e uma densidade próxima da de um líquido, com uma difusividade muito elevada em relação a um fluido líquido, o que facilita a sua penetração em meios porosos. A utilização do CO_2 como fluido supercrítico tornou-se essencial porque possui propriedades intermédias entre as dos líquidos e as dos gases, o que lhe confere um bom poder de extração. O seu ponto crítico (P = 73,8 bar, T = 31,1°C) é facilmente modulável através da regulação da temperatura e da pressão. A temperatura de funcionamento permite extrair os constituintes sem os desnaturar, preservando as suas qualidades biológicas e/ou organolépticas. O fluido supercrítico é um solvente ideal porque é natural, inerte, não inflamável, não tóxico e pode ser facilmente removido do extrato sem deixar resíduos. Esta técnica permite obter extractos de qualidade muito elevada (Wenqtang et *al.*, 2007).

II. 3. 5. f- Extração por micro-ondas

Este método consiste em colocar o material vegetal num dispositivo do tipo Clevenger, onde é aquecido num forno de micro-ondas durante um curto período de tempo para extrair o óleo essencial. Devido ao calor produzido pelas micro-ondas, a amostra atinge rapidamente o seu ponto de ebulição (Kosar et *al.*, 2005). Os compostos voláteis são arrastados pelo vapor de água formado pela própria água da planta, sendo depois recuperados pelos processos convencionais de condensação, arrefecimento e decantação. A composição do óleo essencial obtido por este processo é semelhante à obtida por um processo de extração a vapor. A pequena quantidade de água presente no sistema e a rapidez do processo de aquecimento permitem extrair uma grande parte dos compostos oxigenados dos óleos essenciais, com uma degradação térmica e hidrolítica limitada (Lucchesi et *al.*, 2007).

III. TETRAHYMENA THERMOPHILA TETRAHYMENA THERMOPHILA

Os protozoários ciliados têm uma história interessante no domínio da investigação científica. A sua facilidade de cultura e a sua imagem de organismos primitivos que apresentam as propriedades básicas da vida permitiram a sua introdução no laboratório numa fase muito precoce. O seu interesse deriva também do facto de serem muito diferentes dos outros microrganismos. Os cílios foram dos primeiros organismos a serem utilizados para compreender o fenómeno genético dos eucariotas.

Entre os protozoários ciliados, Tetrahymena é um dos géneros mais extensivamente estudados. As espécies pertencentes a este género, como a *Tetrahymena thermophila*, representam um sistema experimental muito útil em fisiologia e biologia celular e molecular. Combinam a complexidade biológica dos eucariotas com a acessibilidade experimental dos organismos unicelulares.

A Tetrahymena thermophila pertence ao filo Ciliophora, à classe Oligohymenophorea (cavidade bucal bem definida contendo um ciliado bucal constituído por 3 organelos adorais à esquerda e 1 organelo pororal à direita), à subclasse Hymenostomata (cavidade bucal ventral), à ordem Hymenostomatida (ciliado bucal ventral) e à subordem Tetrahymenina (Faure-Fremiet, 1956 ; Puytorac et *al.*, 1974).

III. 1 História evolutiva de *T. thermophila*

Desde 1940, os protozoários ciliados têm sido utilizados como organismos modelo para a investigação fisiológica e genética. Furgason (1940) foi o primeiro a reconhecer o padrão caraterístico de quatro membranas orais em vários ciliados. Deu-lhes o nome de *Tetrahymena geleii*. Uma década mais tarde, Corlisse (1952) chamou-lhes *Tetrahymena pyriformis*. Os trabalhos sobre estes mesmos organismos mostraram que se tratava de um grupo de organismos com morfologias semelhantes mas geneticamente diferentes (Elliott e Gruchy, 1952). Mais tarde, com o desenvolvimento das técnicas de investigação, a heterogeneidade do grupo tornou-se evidente com a identificação de um grande número de estirpes com diferentes tipos de acasalamento e diferentes características bioquímicas e genéticas. Em 1976, uma destas estirpes recebeu o nome atual de *T. thermophila*, em reconhecimento da sua tolerância a temperaturas elevadas (Nanney e McCoy, 1976).

III. 2. Visão geral da célula de *T. thermophila*

T. thermophila é um protozoário ciliado comum de água doce com cerca de 50 μm de comprimento e 20 μm de diâmetro (Figura 9). Caracteriza-se por uma ordem estrutural complexa na superfície celular (Allen, 1967; Satir e Wissig, 1982). Sob a membrana plasmática, observam-se 8 sistemas estruturais distintos numa ordem precisa. Do exterior, estes sistemas são: (1) uma membrana achatada contendo alvéolos corticais característicos da linha evolutiva dos alvéolos. (2) 18 a 21 grupos de microtúbulos longitudinais. (3) o esqueleto membranar (epiplasma) abaixo dos alvéolos corticais e dos microtúbulos longitudinais. (4) as unidades ciliadas. (5) um conjunto de grânulos secretores (mucocistos) dispostos longitudinalmente. (6) um conjunto de mitocôndrias alinhadas paralelamente às fileiras de corpúsculos basais e grânulos secretores (Aufderheide, 1979). (7) placas achatadas de retículo endoplasmático (Satir e Wissig, 1982) e (8) um conjunto de pequenos elementos de Golgi (Kurz e Tiedtke, 1993).

A superfície da célula é coberta por 18-21 filas de cílios, que correm paralelamente ao eixo antero-posterior da célula e têm uma função locomotora. Na sua extremidade anterior, a célula possui um aparelho bucal constituído por 4 elementos (daí o nome Tetrahymena). O ar bucal contém a cavidade bucal ou citóstomo situado na parte proximal dos cílios e determina a sua face ventral. O cílio bucal é constituído por 3 membranas esquerdas curtas (cílio adoral) e uma membrana direita ondulada (cílio paroral). O citoproctos, que tem funções excretoras, está localizado na extremidade posterior da célula na superfície ventral. Existem normalmente dois poros do vacúolo contrátil que se abrem na parte posterior da célula, à direita do eixo citóstoma-citóproto e no exterior do vacúolo contrátil. Este último, que tem principalmente um papel osmorregulador, está localizado na parte distal do ^Hë.

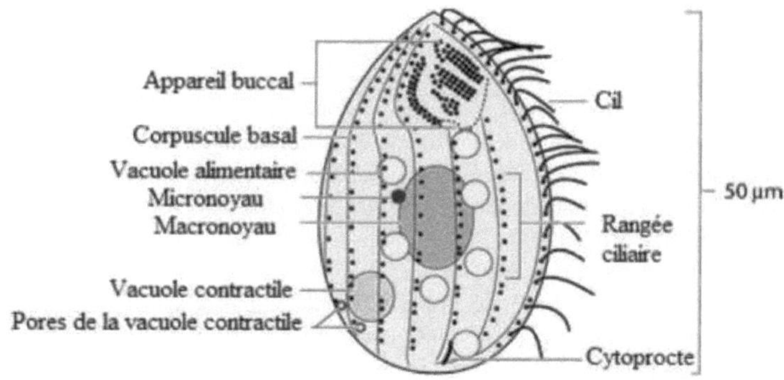

Figura 9. Diagrama da organização celular de *Tetrahymena thermophila*

T. thermophila é caracterizada pela presença no seu citoplasma de mitocôndrias concentradas no córtex celular (Aufderheide, 1979), um retículo endoplasmático rugoso cuja abundância relativa sugere um papel na síntese de membranas e proteínas secretadas (Satir e Wissag, 1982), o aparelho de Golgi associado ao retículo endoplasmático (Franke et *al.*, 1971), o fagossoma ou vacúolo de alimentação (Nilsson, 1979) e os peroxissomas (DeDuve e Baudhuin, 1966).

Uma caraterística comum dos ciliados é a presença de dimorfismo nuclear, ou seja, o aparelho nuclear é composto por dois tipos de núcleos estrutural e funcionalmente diferentes. *A T. thermophila* tem um micronúcleo germinal (transcritivamente inativo durante o crescimento vegetativo, mas que fornece núcleos gaméticos através da meiose durante o processo sexual) e um macronúcleo somático (sede da transcrição celular e não transmitido entre gerações sexuais).

III. 3 Cultura e crescimento de *T. thermophila*

T. thermophila pode crescer facilmente numa variedade de meios axénicos com tempos de geração de 2 a 3 h (Kiy e Tiedtke, 1992). Pode atingir uma densidade de cerca de 2×10^5 a 1×10^6 células por mililitro.

$^{3+}$Estudos exaustivos sobre meios de cultura de *T. thermophila* mostraram que esta espécie necessita de 11 aminoácidos essenciais, 6 vitaminas essenciais do complexo B, incluindo ácido lipóico, Fe, bem como 5 outros metais vestigiais, 1 purina (guanina) e 1 pirimidina (uracilo) (Holz, 1973).

III. 4 Ciclo celular de *T. thermophila*

O ciclo celular de *T. thermophila* compreende um período de repouso variável seguido de mudanças significativas no desenvolvimento. Estas mudanças de desenvolvimento começam com a formação de um intestino anterior bucal, que depois passa por um processo complexo para formar as 4 estruturas ciliares (membranas e membrana ondulante). Durante o desenvolvimento do inchaço bucal, novas unidades ciliares são formadas dentro das fileiras ciliares. A formação destas novas unidades começa com a produção de um novo órgão probasal anterior e perpendicular ao anterior. As aureolas do esqueleto membranar que envolve os corpos basais especializados formam-se quando os novos órgãos basais assumem as suas posições no córtex. Uma subdivisão equatorial do córtex celular pouco antes do início da citocinese. Uma fenda equatorial aparece nas fileiras ciliares, separando os territórios de quaisquer produtos de divisão anterior e posterior. A organização cortical é assimétrica em ambos os lados desta fenda. Um novo citoproctos e novos vacúolos contrácteis, destinados às extremidades posteriores da célula filha, formam-se mesmo em frente da fenda. O evento mais importante na última fase do ciclo cortical é a citocinese. O micronúcleo começa a se dividir quando as membranas vestibulares se desenvolvem, e completa sua divisão antes do final da citocinese (Gavin, 1965; Lansing et *al.*, 1985). A separação dos grupos cromossómicos em *T. thermophila* coincide com a subdivisão da zona celular por fissão (Kaczanowska et *al.*, 1993). A síntese de DNA micronuclear em *T. thermophila* começa imediatamente após a conclusão da divisão micronuclear (McDonald, 1962) e termina logo após a separação celular. A fase S macronuclear de *T. thermophila* ocorre aproximadamente no meio do ciclo celular e dura cerca de 1 h em condições ideais (McDonald, 1962; Wolfe, 1973). Esta fase provavelmente não está associada a uma única fase do ciclo cortical. A divisão macronuclear começa no final da divisão micronuclear (Jaeckel-Williams, 1978) e é assim completada pela citocinese.

III. 5. *T. thermophila* como sistema modelo

A expressão comum "sistema modelo" sugere que o sistema em estudo é um sistema exemplar ou que serve de modelo para o estudo de outros sistemas. A conservação de muitos mecanismos intracelulares nos eucariotas permite estudar um modelo celular eucariótico para esclarecer a biologia das células humanas. Duas leveduras têm sido amplamente utilizadas neste contexto: *Saccharomyces cerevisiae* e *Schizosaccharomyces pombe*. Estes modelos celulares foram escolhidos com base na sua semelhança ancestral com o ser humano. No entanto, no decurso da sua história evolutiva, as leveduras perderam certas estruturas e funções ancestrais importantes que os animais e os ciliados conservaram, como os cílios e a secreção regulada de produtos armazenados. *A T. thermophila* revelou-se subsequentemente um modelo adequado para o estudo destes sistemas intracelulares. O excelente conhecimento da genética de *T. thermophila,* bem como a sua aptidão para a transformação, fizeram deste protozoário um sistema modelo de eleição para o estudo de características ancestrais partilhadas entre humanos e ciliados.

IV. GLICERALDEÍDO-3-FOSFATO DESIDROGENASE

A gliceraldeído-3-fosfato desidrogenase (GAPDH) é uma enzima ubíqua envolvida no metabolismo central do carbono através da via glicolítica (Forthergill e Michels, 1993). É conhecida em todos os organismos vivos, incluindo os protozoários. É uma das enzimas mais conservadas do ponto de vista evolutivo. Pertence à família das aldeído desidrogenases com um cofator NAD(P).

IV.1 Os diferentes tipos de GAPDH

As gliceraldeído-3-fosfato desidrogenases (GAPDH, EC 1.2.1.12/13/9) são enzimas fundamentais no metabolismo celular. Estão envolvidas tanto nas vias catabólicas, como a glicólise ou a via oxidativa das pentoses-fosfato, como nas vias anabólicas, como a gluconeogénese ou a via redutora das pentoses-fosfato.

Existem três classes de enzimas com atividade de glicëraldëhyde-3-phosphate dëshydrogënase (Martin et *al.*, 1993; Habenicht, 1997; Valverde et *al.*, 1997); estas três classes diferem na sua função enzimática, localização celular e spëcificitë de cofactores:
- GAPDH fosforilante dependente de NAD (EC 1.2.1.12)
- GAPDH fosforilante dependente de NADP+ (EC1.2.1.13)
- Não-fosforilante dependente de NADP dependente de GAPDH (EC 1.2.1.9)

IV.1.1 GAPDH fosforilante dependente de NAD+ (EC 1.2.1.12)

A GAPDH dependente de NAD-fosforilação está localizada no citosol de todos os organismos conhecidos. É codificada por gënes pertencentes à superfamília gënes gapC. Esta enzima é altamente conservada durante a revolução e estritamente dependente de NAD+. Está envolvida nas vias da glicólise e da neoglucogénese na maioria das bactérias e eucariotas (Harris e Waters, 1976). Permite a conversão de uma molécula de G3P em 1,3-DPG e a redução de NAD em NADH, de acordo com o diagrama de reação abaixo.

$$G3P + Pi + NAD^+ \rightleftharpoons 1,3\text{-}DPG + NADH + H^+$$

IV. 1. 2. GAPDH fosforilante dependente de NADP+ (EC 1.2.1.13)

A GAPDH fosforilante dependente de NADP codificada por genes relacionados com o gene gapA foi isolada e caracterizada em várias plantas (Slaughter e Davies, 1968; Preiss e Kosuge, 1970; Yonushot et *al.*, 1970), algas (Pupillo, 1972; Vacchi et *al.*, 1973; Grisson e Kahn, 1975), cianobactérias (Valverde et *al.*, 1997) e bactérias (Fillinger et *al.*, 2000).

Nas algas unicelulares, a estrutura quaternária desta enzima é um homotetrâmero (A4) (Li et *al.*, 1997). Nas plantas superiores, o gene ancestral está duplicado em dois genes gapA e gapB (Meyer-Gauen et *al.*, 1994 e 1998), dando origem, no cloroplasto, a um heterotetrâmero com estrutura A2B2 e a um homotetrâmero (A4). O heterotetrâmero é a forma maioritária. O produto gapB (43 kDa) difere do gapA (37 kDa) pela incorporação de uma sequência de 30 aminoácidos na extremidade carboxil (C-terminal), que é responsável pela formação do heterotetrâmero e tem uma função reguladora (Li e Anderson, 1997; Fermani et *al.*. 2007).

Nas bactérias, o gene gapA é frequentemente agrupado com outros genes glicolíticos (Schlaepfer et Zuber, 1992; Branny et *al.*, 1998; Eikmanns, 1992). Encontra-se também como gene individual em *E. coli* (Charpentier et *al.*, 1998), *Synechocystis* (Kaneko et *al.*, 1996) e *Streptomyces aureofaciens* (Komanec et *al.*, 1997).

As diferentes GAPDHs dependentes de NADP têm fortes semelhanças de sequência com as GAPDHs dependentes de NAD. Todos os aminoácidos essenciais são conservados

Contudo, estas enzimas dependentes de NADP's apresentam maiores semelhanças com as GAPDHs fosforilantes dependentes de NAD+ das bactérias do que com as GAPDHs citosólicas dos eucariotas (Martin e Cerff, 1986).

A GAPDH fosforilante dependente de NADP também foi encontrada em cianobactérias, onde é codificada pelo gene *gap* 2. É capaz de utilizar NAD+ ou NADP+ como cofator (Hood e Carr, 1969; Tamoi et *al.*, 1996; Figge et *al.*, 1999; Delgado et *al.*, 2001). A presença de uma GAPDH fosforilante capaz de utilizar tanto NAD+ como NADP foi demonstrada na bactéria *Bacillus subtilis* (Kunst et *al.*, 1997; Fillinger et *al.*, 2000).

Esta proteína está presente no estroma dos cloroplastos de todos os organismos fotossintéticos, estando principalmente envolvida na via RPP (ciclo redutor das pentoses fosfato). Está envolvida no processo de assimilação do CO_2 e na sua conversão em hidratos de carbono durante o ciclo de Calvin (Cerff, 1982; Brinkmann et *al.*, 1989). É dependente do NADP e catalisa uma reação semelhante à realizada pela GAPDH dependente do NAD, com a exceção de utilizar o NADP em vez do NAD como cofator:

$$G3P + Pi + NADP^+ \rightleftharpoons 1,3\text{-}DPG + NADPH + H^+$$

IV.1.3 GAPDH não-fosforilante dependente de NADP+ (EC 1.2.1.9)

A gliceraldeído-3-fosfato desidrogenase dependente de NADP não-fosforilante (EC 1.2.1.9, GAPDHN) foi detectada pela primeira vez no citosol de algas e plantas. Foi também descrita em bactérias como *Streptococcus mutans* e *Streptococcus salivarius* (Boyd et *al.*, 1995; Habenicht, 1997).

É também denominada G3P: NADP oxido-redutase e converte diretamente o G3P em 3-PG, sem incorporar fosfato inorgânico, na presença do cofator NADP e de uma molécula de água (Iglesias e Losada, 1988). Impede igualmente a fosforilação do substrato e, consequentemente, a produção de uma molécula de ATP pela 3-PG cinase (Iglesias et *al.*, 1987). Esta reação é irreversível e provoca a ionização do meio, libertando dois protões (H):

$$G3P + NADP^+ + H_2O \longrightarrow 3\text{-}PG + NADPH + 2H^+$$

IV.2 Papel fisiológico da GAPDH

A GAPDH catalisa a fosforilação oxidativa reversível do G3P em 1,3-DPG, na presença de fosfato inorgânico e utilizando o nucleótido de adenina nicotinamida (NAD) como aceitador de electrões. Desempenha um papel essencial nas vias metabólicas de glicólise ou neoglucogénese. Esta enzima glicolítica, outrora consideradaëëë simplesmente uma proteïna metabólica clássica envolvida na produção de energia, é, pelo contrário, uma proteína multifuncional com funções definidas em muitos processos intracelulares, para além da sua função glicolítica (Sirover, 2005).

Dependendo da sua localização celular (citosólica, membrana ou núcleo), pensa-se que a GAPDH está envolvida nos mecanismos de endocitose e fusão de membranas (Glaser e Gross, 1995), no transporte por secreção vesicular (Tisdale, 2001), no controlo da tradução, nos mecanismos de transporte nuclear de ARN de transferência, na replicação e reparação do ADN (Meyer-Siegler et al, 1991) e na morte celular (Hara et al., 2005).

No citoplasma, a GAPDH existe principalmente como um tetrâmero composto por 4 subunidades idênticas, cada uma com um grupo tiol catalítico. Embora esta enzima citoplasmática continue a manter o seu papel fundamental como enzima glicolítica, vários estudos demonstraram que certas modificações pós-traducionais desta enzima a conduzem a vias funcionais diferentes da glicólise (Figura 10). A inibição oxidativa da GAPDH por S-tiolação (uma reação reversível) é uma resposta controlada que permite às células reorientar o seu fluxo de hidratos de carbono da glicólise para a via das pentoses fosfato, gerando NADPH cujo poder redutor no interior da célula a protege do stress oxidativo (Ralser et al., 2007).

Outros estudos demonstraram que, devido à sensibilidade redox do seu resíduo de cisteína catalítica, a GAPDH pode modular as vias de sinalização celular em resposta ao stress oxidativo (Morigasaki et al., 2008). $^{2+}$Por exemplo, foi demonstrado que a GAPDH se liga fisiologicamente aos receptores de inositol 1,4,5-trifosfato, libertando NADH na vizinhança do canal de Ca, regulando assim a sinalização intracelular (Patterson et al., 2005) (Figura 10). Por outro lado, o stress induzido pelo óxido nítrico leva à S-nitrosilação reversível do resíduo de cisteína (-SNO) da GAPDH (Foster et al., 2009), o que facilita a ligação da GAPDH à Siah (E3 ubiquitina ligase). Em seguida, ocorre a translocação do complexo GAPDH-Siah para o núcleo, levando à sulfonação irreversível (-SO3H) da GAPDH. Esta modificação pode estimular um "ganho de função" que pode levar à disfunção celular ou à apoptose (Hara et al., 2005). As modificações pós-traducionais (da S-nitrosilação à sulfonação) envolvem a GAPDH numa cascata de sinalização irreversível que começa no citosol e migra para outros compartimentos celulares. Os mecanismos reguladores desta cascata são importantes para a homeostase celular. Foi demonstrado que uma proteína chamada GOSPEL desempenha um papel regulador fundamental para a GAPDH. Em condições de stress nitrosativo, a proteína GOSPEL é rapidamente S-nitrosilada e retém a GAPDH no citoplasma. O complexo GAPDH-GOSPEL impede competitivamente a interação citotóxica da GAPDH com Siah (Sen et al., 2009) (Figura 10).

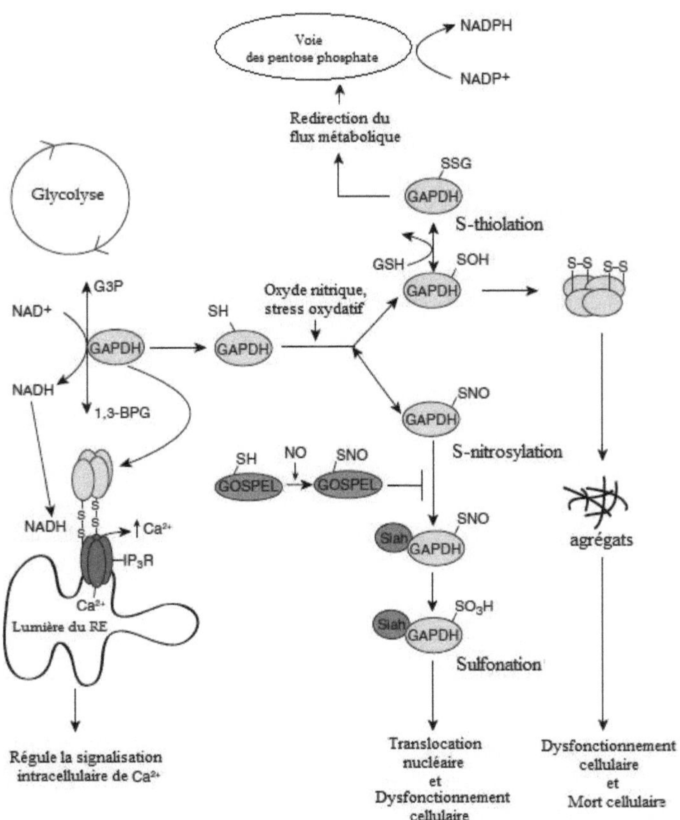

Figura 10. Funções fisiológicas da GAPDH
(segundo Tristan et al., 2011)

CAPÍTULO 2

MATERIAIS E MÉTODOS

I. MATERIAL

I. 1 Material biológico e condições de cultivo

O protozoário *Tetrahymena thermophila* (estirpe SB1969) utilizado como modelo celular ao longo deste estudo foi gentilmente cedido pelo laboratório do Professor Juan Carlos Guttierez da *Universidad cumpletense de Madrid*. Este microrganismo é estërilado a 32°C sem agitação durante 72 h em meio líquido (PPYE) contendo 1,5% (p/v) de peptona de prerteose e 0,25% (p/v) de extrato de levedura (Pousada et *al.*, 1979). As culturas foram inoculadas com 1% (v/v) de uma pré-cultura preparada nas mesmas condições.

Para evitar a contaminação bacteriana, é aplicado um controlo sistemático às pré-culturas preparadas antes da sua utilização. Este controlo inclui um teste de turvação a olho nu, um teste de cheiro caraterístico para detetar a presença de bactérias e um teste de observação microscópica para garantir que as pré-culturas não estão contaminadas com *T. thermophila*.

I. 2. Reagentes

I. 2. 1 Peróxido de hidrogénio e nitroprussiato de sódio

O peróxido de hidrogénio (H_2O_2) e o nitroprussiato de sódio (SNP) (Figura 11) utilizados no nosso trabalho para criar o stress oxidativo e o stress nitrosativo foram obtidos na Fluka e na Sigma-Aldrich, respetivamente. Todas as soluções destes dois agentes de stress foram preparadas de fresco antes de cada utilização.

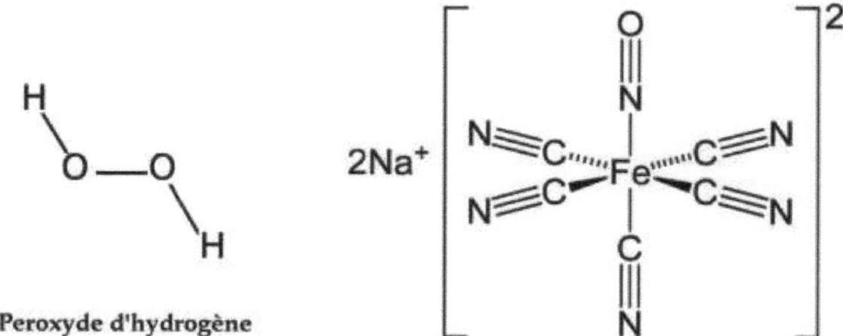

Figura 11. Estruturas químicas do peróxido de hidrogénio (H_2O_2) e do nitroprussiato de sódio (SNP)

Tabela 1. Características do equipamento utilizado

Dispositivos	Características
Autoclave	Marca SANOclav, modelo Robert-Bosch-Straee 13
Tanque de eletroforese	Marca Bio-Rad, modelo Mini-Protean 3 cell
Tanque de electrotransferência	Marca Bio-Rad, modelo Mini Trans-Blot cell
Gerador	Marca Bio-Rad, modelo PowerPac Basic Supply
Balanças	- Balança de instrumentos Denver (S-603), sensibilidade ± 0,0001 g

	- Balança KERN (440-33N), sensibilidade ± 0,01 g
	- Centrifugadora refrigerada Sigma, modelo 2-16K
Centrifugadoras	- Centrifugadora Eppendorf refrigerada, modelo 5415 R - Microcentrifugadora Eppendorf MiniSpin
Fornos	- Incubadora BINDER
	- Estufa de secagem Memmert, modelo U10
Sonicador	Marca Bandelin sonoplus (HD 2070)
Exaustor de fluxo laminar	Marca Telstar, modelo V-30/70
Microscópios	- Microscópio ótico A.KRUSS OPTRONIC
	- Microscópio emparelhado com uma câmara digital FinePixe A400
Medidor de pH	Marca HANNA instruments, pH 209
Espectrofotómetros	- Espectrofotómetro UV/Visível Jenway (6405)
	- Espectrofotómetro UV/Visível Schimadzu (UV-17C0)
	- Espectrofotómetro visível Jenway (7315)

I. 2. 2 D-gliceraldeído-3-fosfato

O D-glicëraldeído-3-fosfato, ий^ë como substrato para GAPDH, é preparado a partir do sal de bário do D-glicëraldeído-3-fosfato diëthylacëtal. Este último é obtido da Sigma-Aldrich.

I. 2. 3 Reagente de Bradford

O reagente de Bradford, utilizado para a determinação da quantidade de protëinas em análises de ëchantiΠons (Bradford, 1976), foi obtido da Merck-Millipore.

I. 2. 4 Marcadores de proteínas

Os marcadores de peso molecular (*Precision Plus Protein Standards*), tal como os marcadores *pI* (*IEF Standards*), são obtidos da Bio-Rad.

I. 2. 5 Outros reagentes

Os restantes reagentes químicos foram todos obtidos da Sigma-Aldrich.

I. 3 Equipamento

As marcas e os modëlos dos vários dispositivos utilizados no nosso trabalho são apresentados na Tabela 1.

II. MÉTODOS DE ESTUDO *IN VIVO*

II. 1 Indução de stress oxidativo e nitrosativo

Foram utilizados dois agentes de stress para induzir o stress oxidativo e nitrosativo no protozoário *T. thermophila*.

II. 1. 1 Indução do stress oxidativo pelo peróxido de hidrogénio

Para induzir o stress oxidativo, *T. thermophila* foi incubada na presença de peróxido de hidrogénio (H_2O_2). O H_2O_2 foi adicionado ao meio de cultura de protozoários (PPYE) antes da inoculação, em concentrações determinadas para cada experiência.

II.1.2 Indução de stress nitrosativo pelo nitroprussiato de sódio

O nitroprussiato de sódio (SNP) foi utilizado para criar stress nitrosativo. Este dador de óxido nítrico (NO) é utilizado tanto em estudos *in vivo* como *in vitro*. Nos estudos *in vivo*, o SNP é adicionado ao meio de cultura PPYE no início da experiência, antes da inoculação, nas concentrações pretendidas.

II.2 Avaliação do efeito da exposição ao stress oxidativo e nitrosativo

II.2.1 Efeito no crescimento de T. thermophila

O efeito dos agentes de stress no crescimento celular foi ëvaluatedë incubando *T. thermophila* com diferentes concentrações de H2O2 ou SNP. Estes reagentes são adicionados ao meio de cultura a partir de soluções de mãe recém-preparadas (97,8 mM de H2O2 e 0,5 M de SNP). O H2O2 foi adicionado de 0,05 a 1,5 mM em etapas de 50 µM, enquanto o SNP foi adicionado de 0,05 a 15 mM em etapas de 100 µM. [5]Frascos Erlenmeyer de 500 ml, contendo 100 ml de meio PPYE e os agentes de estresse (H2O2 ou SNP) em diferentes concentrações, foram inoculados assepticamente com 1% (1,5 x 10 células/ml) de uma pré-cultura de *T. thermophila*. Após 72 h de incubação a 32°C sem agitação, a contagem das células foi efectuada ao microscópio ótico com um hemocitómetro (célula de Malassez). Simultaneamente, foi efectuado um controlo nas mesmas condições, na ausência de agentes de stress.

A determinação das concentrações inibitórias mínimas (CIM) de H2O2 e SNP baseou-se na turvação observada no meio de cultura após 72 h de incubação dos protozoários a 32°C na presença de diferentes concentrações dos agentes de stress. A concentração mais baixa que não apresentava turvação no meio a olho nu foi considerada como a CIM. As concentrações de H2O2 e SNP que inibem o crescimento de *T. thermophila* em 10% (IC10) e 50% (IC50) foram estimadas por análise probit (Bliss, 1935).

O efeito de H2O2 e SNP nas diferentes fases de crescimento de *T. thermophila* foi avaliado na presença de cada um dos agentes de stress na concentração inibitória de 50% (IC50) durante 140 h a 32°C. Foi efectuado um controlo na ausência do agente de stress. Em intervalos de tempo diferentes, foram retiradas alíquotas de 1 ml de cada cultura e fixadas com tampão de formalina neutra (10% (v/v) de formalina em solução salina tamponada com fosfato pH 7 (PBS)) durante uma hora. Estas alíquotas foram contadas de acordo com o protocolo descrito acima. Todas as experiências foram repetidas pelo menos três vezes.

II. 2. 2 Efeito no número de gerações e no tempo de geração

Para avaliar a influência dos dois agentes de stress no número e no tempo de geração, as culturas de *T. thermophila* na ausência e na presença de H2O2 ou SNP nas concentrações inibitórias IC 10 e IC50 foram mantidas durante 72 h a 32°C. Foram retiradas alíquotas de 1 ml de cada cultura, diluídas em água destilada e fixadas conforme descrito anteriormente (II.2.1). As células foram contadas ao microscópio. O número de gerações e o tempo de geração foram calculados de acordo com as seguintes fórmulas (Dias et *al.*, 2003):

$$Nombre\ de\ génération\ (n) = \frac{(\log N_1 - \log N_0)}{\log 2}$$

$$Temps\ de\ génération\ (g) = \frac{temps\ de\ croissance}{nombre\ de\ génération}$$

$$Tempo\ de\ geração\ (g) = \frac{tempo\ de\ crescimento}{número\ de\ gerações}$$

Sendo N_i o número de células às 72 h e N_0 o número de células às T_0. tempo de crescimento = 72 h.

II. 2. 3 Efeito na morfologia

Para avaliar os efeitos dos agentes de stress (H2O2 e SNP) na morfologia celular de *T. thermophila*, estes agentes foram adicionados ao meio de cultura do protozoário em concentrações inibitórias IC50. Após 72 h de incubação a 32°C, as alterações morfológicas que afectam as células tratadas foram observadas utilizando um microscópio ótico acoplado a uma câmara digital que permite tirar fotografias com amplitudes de *20 e *40.

II. 2. 4 Determinação das actividades enzimáticas

Um dos parâmetros utilizados para avaliar a resposta ao stress oxidativo e nitrosativo induzido por agentes de stress é a medição das actividades das enzimas direta ou indiretamente envolvidas no sistema de defesa celular.

II. 2. 4. a- Preparação do extrato de proteínas brutas

As células cultivadas foram recuperadas por centrifugação a 6.*000 g* durante 15 minutos a 4°C. Após a remoção do sobrenadante, o pellet contendo as células recuperadas foi lavado 3 vezes com uma solução de Tris HCl (20 mM, pH 7,5).

O extrato de proteínas brutas é obtido após a rutura da membrana celular por meio de ultra-sons. Este processo de lise mecânica rompe as células e liberta o seu conteúdo citoplasmático. As células são suspensas num tampão de lise [50 mM Tris-HCl pH 7,5 com 1 mM de ácido etileno-diamino-tetra-acético (EDTA), 10 mM de 2-e-mercaptoetanol, 1% (v/v) de glicerol e 1 mM de fluoreto de fenilmetanossulfonilo (PMSF)] a uma taxa de 3 ml/g. A presença de EDTA e PMSF serve para inibir a ação das proteases e o 2-e-mercaptoetanol é necessário para manter um ambiente redutor. A suspensão celular é então submetida a ultra-sons durante 4 min a 90% da potência (12 ciclos de 20 s cada, alternados com 1 min de repouso num banho de gelo para evitar o aquecimento da amostra, que pode danificar a integridade das proteínas celulares extraídas). A solução é então clarificada por centrifugação a 15.*000 g* durante 45 min a 4°C. O sobrenadante obtido é considerado o extrato de proteínas brutas.

II. 2. 4. b- Determinação da atividade da catalase

A atividade da catalase é determinada utilizando a técnica descrita por Aebi (1984). Esta técnica baseia-se no controlo da decomposição do H2O2 em H2O e O2, na sequência da atividade catalítica da catalase.

O extrato bruto é adicionado a uma célula de quartzo contendo tampão fosfato 50 mM (K2HPO4/KH2PO4, pH 7). Foi efectuado um período de pré-incubação de 2 minutos a 30°C. A cuvete foi então colocada num espetrofotómetro. A reação foi iniciada com a adição de H2O2. A decomposição de 7,5 mM de H2O2 foi determinada diretamente através da diminuição da absorvância a 240 nm. Uma unidade de atividade de catalase é definida como a quantidade de enzima necessária para decompor 1 |imol de H2O2 em 1 min a pH 7,0 e 25°C. A atividade da enzima é expressa como uma unidade de atividade/mg de proteína.

II. 2. 4. c- Determinação da atividade da superóxido dismutase

A técnica de determinação da atividade da SOD é a descrita por Paoletti et al (1986). Esta técnica baseia-se na inibição do NADH pela superóxido dismutase. A diminuição da taxa de oxidação do NADH é proporcional à concentração da enzima.

Na ausência de SOD, a auto-oxidação do 2-e-mercaptoetanol na presença de EDTA/MnCl2 gera aniões superóxidos (o2) no meio reacional e provoca a oxidação do NADH em NAD , resultando numa diminuição da absorvância a 340 nm.

Na presença da SOD, existe uma competição entre a geração (2-e-mercaptoetanol + EDTA/MnCl2) e a dismutação dos aniões superóxido. Isto tende a reduzir a quantidade de aniões superóxido no meio, inibindo assim a oxidação do NADH e reduzindo a absorvância. Estima-se que 50% de inibição corresponde a uma unidade de enzima.

A reação baseia-se na mistura de 5 mM de EDTA, 2,5 mM de MnCl2, 0,27 mM de NADH, 3,9 mM de 2-e-mercaptoetanol em tampão fosfato 50 mM (pH 7,0) com 50 Щ do extrato bruto. A reação é iniciada pela adição de NADH até à concentração final de 0,27 mM. A medição da atividade é determinada por espetrofotometria a 340 nm.

II. 2. 4. d- Determinação da peroxidação lipídica

A taxa de peroxidação lipídica foi quantificada em termos de substâncias reactivas ao ácido tiobarbitúrico (TBARS), segundo o método de Samokyszyn e Marnett (1990). Um mililitro do extrato bruto é adicionado a 1 ml de uma solução constituída por ácido tiobarbitúrico a 0,375% e ácido tricloroacético a 15% em ácido clorídrico a 0,25 M. A mistura é então colocada num recipiente com água e é mantida em repouso. A mistura foi então colocada num banho de água a 100°C durante 15 minutos e depois arrefecida em gelo para parar a reação. A centrifugação foi efectuada a *1000 g* durante 10 min e a densidade ótica do sobrenadante foi medida a 535 nm. [5-1-1]O produto de degradação dos ácidos gordos polinsaturados foi calculado utilizando o coeficiente de extinção de 1,56 x 10 M cm.

II. 2. 4. e- Determinação da atividade da GAPDH

[+]A atividade enzimática do NAD fosforilante dependente de GAPDH é determinada por espetrofotometria a 30°C, medindo o aparecimento de NADH a 340 nm (Iglesias et *al.*, 1987; Serrano et *al.*, 1993). [+]A preparação enzimática é adicionada a uma mistura de reação que contém tampão tricina-NaOH (50 mM; pH 8,0), arseniato de sódio (Na_2HAsO_4) (10 mM), NAD (1 mM) e D-G3P (2 mM). A D-G3P foi obtida por hidrólise ácida do sal de D-gliceraldeído-3-fosfato dietilacetal, de acordo com as instruções do fornecedor (Sigma-Aldrich). O volume total da mistura de reação é de 1 ml. [+]Uma unidade de atividade enzimática é definida como a quantidade de enzima que catalisa a redução de 1 |imol de NAD por minuto. Todas as experiências e medições foram efectuadas três vezes.

II. 2. 4. f- Determinação das proteínas pelo método de Bradford

O método de Bradford é um método rápido e altamente sensível para medir a concentração de proteínas (Bradford, 1976). Este método baseia-se numa reação colorimétrica entre as proteínas e um corante: azul de coomassie G-250. Este reagente, que é vermelho-tijolo no estado livre, adquire uma tonalidade azul quando se liga às proteínas. Para aplicar esta técnica de ensaio a uma solução proteica de concentração desconhecida, é necessário traçar primeiro uma linha de calibração "DO = f (concentrações proteicas)" em condições experimentais idênticas, utilizando soluções proteicas padrão de concentrações conhecidas.

A BSA (albumina de soro bovino) é utilizada como proteína padrão numa gama de concentração de 0 a 20 |ig. Um volume de amostra de 5 a 10 |il é reduzido para 800 |il com 1 bi de água destilada. Adicionam-se duzentos microlitros de reagente de Bradford (25 mg de azul de coomassie G-250, 12,5 ml de etanol absoluto, 25 ml de ácido fosfórico 85%, qsp 250 ml de água destilada). Os tubos desenvolvem uma coloração que vai do vermelho-tijolo, em concentrações baixas de proteínas, ao azul, em concentrações elevadas. Dependendo da concentração proteica das amostras, podem ser necessárias diluições prévias para assegurar que os valores de absorvância das amostras se situam dentro da gama de valores de absorvância da gama padrão. A densidade ótica da cor desenvolvida é então medida a 595 nm.

Conhecendo esta absorvância, a concentração de proteínas desconhecidas pode ser determinada por referência à curva de calibração traçada. A concentração proteica de cada amostra é deduzida tendo em conta o fator de diluição inicial.

II.3 Avaliação do potencial antioxidante de certos óleos essenciais

II.3.1 Os óleos essenciais utilizados

Foram utilizados óleos essenciais extraídos de 7 plantas aromáticas para avaliar os seus efeitos anti-stress. Estes óleos essenciais foram obtidos da Professora Emna Ammar (Ecole

Nationale des Ingënieurs de Sfax, Tunísia). Foram conservados a 4°C e protegidos da luz até à sua utilização. Estes óleos essenciais foram extraídos, por hidrodestilação, de alfazema (*Lavandula angustifolia*), gerânio (*Pelargonium robertianum*), tomilho (*Thymus capitalus*), alecrim (*Rosmarinus officinalis*), cipreste (*Cupressus sempervireus*), zimbro (*Juniperus phoenica*) e cravinho (*Syzygium aromaticum*) (Ben Saida, 2007).

II.3.2 Determinação da CIM dos óleos essenciais

A concentração inibitória mínima (CIM) é utilizada para avaliar a sensibilidade dos protozoários aos óleos essenciais. Esta concentração é determinada utilizando o método de diluição em cascata de duas séries. Cada óleo essencial foi dissolvido em dimetilsulfóxido (DMSO). [1-6]Foram então preparadas séries de diluições de 10 em 10. Cinco microlitros de cada diluição foram adicionados a 5 ml de meio PPYE em tubos de ensaio. [5]Foi adicionado um inóculo de *T. thermophila* (1,5 x 10 células/ml) a cada tubo contendo o meio de cultura e o óleo essencial. Um tubo sem óleo essencial contendo DMSO (0,1% v/v, quantidade sem efeito sobre *T. thermophila*) foi utilizado como controlo. O crescimento dos protozoários foi observado a olho nu após 72 h de exposição aos óleos essenciais a 32°C. A CIM (a concentração mais baixa para a qual não é visível qualquer crescimento a olho nu) foi então determinada.

II.3.3 Determinação do potencial antioxidante dos óleos essenciais

[-9]Para avaliar o efeito dos óleos essenciais no stress oxidativo e nitrosativo, *T. thermophila* foi incubada na presença de agentes de stress IC_{50} (0,7 mM H2O2 ou 1,8 mM SNP) em meio PPYE suplementado com óleo essencial na diluição não tóxica de 10 . Os agentes de stress e os óleos essenciais foram adicionados ao meio de cultura simultaneamente antes da inoculação com *T. thermophila*. O crescimento foi monitorizado, tal como descrito acima, através da contagem de células em diferentes intervalos de tempo. Os controlos foram efectuados na presença do agente de stress e na ausência do óleo essencial.

II.3.4 Efeito sinérgico dos óleos essenciais

Os óleos essenciais seleccionados para avaliar o efeito sinérgico foram os extraídos da alfazema, do tomilho e do gerânio. [-9]Uma mistura de dois óleos essenciais foi então adicionada, na diluição não tóxica de 10 , ao meio de cultura de *T. thermophila* (PPYE) contendo o agente de stress (H2O2 ou SNP) com IC_{50}. As curvas de crescimento foram seguidas, como descrito anteriormente, através da contagem de células em diferentes intervalos de tempo. Os controlos foram efectuados em meio PPYE suplementado com o agente de stress e inoculado com *T. thermophila*.

III. MÉTODOS DE ESTUDO *IN VITRO*

Para estudar o efeito *in vitro* dos agentes de stress (H2O2 e SNP) sobre a enzima chave do metabolismo dos hidratos de carbono, a gliceraldeído-3-fosfato desidrogenase (GAPDH), escolhida como modêle, foi necessário primeiro purificá-la e caracterizá-la.

III.1 Processo de purificação da GAPDH

A GAPDH foi purificada a partir de *T. thermophila* cultivada durante 72 h a 32°C. A purificação foi efectuada por precipitação fraccionada com sulfato de amónio, seguida de duas cromatografias em coluna (cromatografia de permuta catiónica e cromatografia de permuta aniónica). Todas as etapas de purificação foram efectuadas a 4°C.

III.1.1 Precipitação fraccionada com sulfato de amónio

Esta técnica baseia-se na solubilidade diferencial das proteínas. As proteínas são separadas de acordo com a sua tendência para se precipitarem mais ou menos rapidamente, alterando a força iónica da solução que as contém. O eletrólito mais frequentemente utilizado para precipitar as proteínas é o sulfato de amónio ((NH_4)$_2SO_4$)). Este sal é muito solúvel em solução aquosa e permite obter forças iónicas muito elevadas. A sua solubilização não afecta a temperatura da solução e protege as proteínas contra a desnaturação e o crescimento bacteriano.

Assim, o extrato bruto, obtido como descrito acima (II.2.4.a), é adicionado ao sulfato de amónio a 55% de saturação e agitado suavemente durante 1 h num banho de gelo. Para evitar a desnaturação da superfície, a solução não deve ser agitada vigorosamente e o sulfato de amónio deve ser adicionado gradualmente. As proteínas precipitadas foram removidas por centrifugação a 15.000 g durante 45 min a 4°C. A enzima no sobrenadante foi então precipitada pela adição de sulfato de amónio suficiente para atingir 88% de saturação. A solução foi agitada suavemente durante a noite a 4°C. A fração proteica precipitada entre 55 e 88% de saturação foi recuperada por centrifugação a 15.*000 g* durante 45 min a 4°C, sendo depois ressuspendida num volume mínimo de tampão A: 50 mM Tris-HCl pH 7,5, 1 mM EDTA, 10 mM 2-e-mercaptoetanol, 1% (v/v) glicerol e 1mM PMSF.

Para eliminar o sulfato de amónio, procedeu-se à diálise da fração obtida. A preparação enzimática foi dialisada 2 vezes através de uma membrana de diálise (MWCO 1000) contra 5 l de tampão A durante a noite a 4°C com agitação suave.

III. 1. 2. Cromatografia de permuta aniónica

Numa coluna de permuta aniónica, as proteínas aderem por afinidade eletrostática a grupos carregados positivamente na resina (diagrama abaixo). Os iões negativos ou os grupos ácidos de uma proteína podem interagir com essa resina.

$$\text{O-CH}_2\text{-CH}_2\overset{+}{\underset{H}{\text{-N}}}\begin{cases}\text{CH}_2\text{-CH}_3\\\text{CH}_2\text{-CH}_3\end{cases}\qquad \text{Échangeur d'anions}$$

DEAE
(diethyl aminoethyl-)

(dietilaminoetil-)

Utilizámos DEAE-celulose (Fluka, Buchs, Suíça) como matriz de permuta aniónica. O gel foi desgaseificado durante 30 minutos antes de ser introduzido numa coluna com um diâmetro interno de 1,5 cm e um comprimento de 12 cm. A coluna é então equilibrada por várias lavagens com tampão A. A iracção dialisada foi introduzida na coluna e a enzima foi eluída com tampão A a um caudal de 12 ml/h. Recolheu-se 1 ml de iracções e agruparam-se as que apresentavam atividade de GAPDH.

A coluna pode ser reutilizada após regeneração, lavando 5 volumes da coluna com uma solução de NaCl (2 M) e ureia (1 M) em tampão Tris-HCl (50 mM, pH 7,5). A coluna é então lavada e reequilibrada com tampão Tris-HCl 50 mM, pH 7,5.

III.1.3 Cromatografia de permuta catiónica

A cromatografia de permuta catiónica baseia-se na utilização de uma resina com grupos negativos. No nosso caso, utilizámos uma resina Mono-S capaz de interagir com catiões e grupos básicos (ver esquema abaixo).

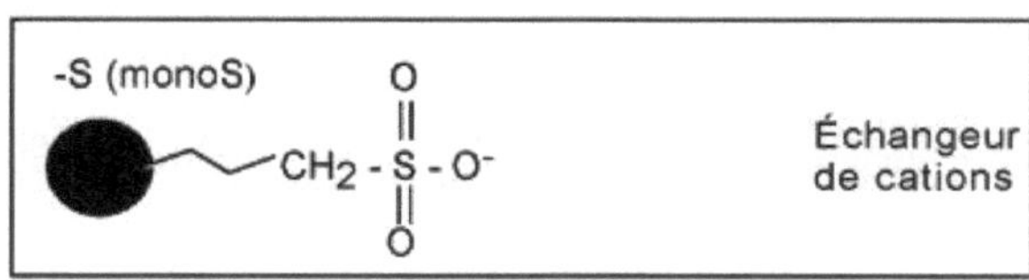

As fracções activas obtidas após cromatografia em DEAE-celulose são depositadas numa coluna Mono-S (HR 5/5) previamente equilibrada com tampão A. As proteínas não ligadas são eluídas durante a lavagem, enquanto as proteínas ligadas (GAPDH) são eluídas por um gradiente linear (0 a 300 mM; volume total 130 ml) de cloreto de potássio (KCl) a um caudal de 12 ml/h. São recolhidas fracções de 1 ml e as que contêm atividade de GAPDH são agrupadas e analisadas.

III. 2. Determinação do peso molecular da GAPDH purificada

Para verificar a homogeneidade e a pureza da enzima após as várias etapas de purificação e também para determinar o peso molecular da enzima purificada, foi utilizada a técnica de eletroforese em gel de poliacrilamida.

III.2.1 Eletroforese em gel de poliacrilamida em condições desnaturantes

As proteínas provenientes das diferentes fases de purificação são separadas por eletroforese vertical em gel de poliacrilamida (mini-gel, 8 x 10 cm), segundo o método descrito por Laemmli (1970). A utilização de um agente desnaturante, como o dodecilsulfato de sódio (SDS), constituído por uma cabeça de sulfato polar hidrofílica e carregada negativamente e uma cadeia apolar de 12 carbonos, provoca a dissociação da estrutura quaternária das proteínas em formas monoméricas, às quais se liga. Nestas condições, a separação das proteínas no gel baseia-se unicamente no seu tamanho, uma vez que a sua densidade de carga se torna globalmente negativa devido à presença de SDS.

III. 2. 1. a- Preparação dos géis

A concentração de poliacrilamida do gel é escolhida em função do tamanho das moléculas a analisar. No nosso caso, utilizámos um gel de poliacrilamida a 4% como gel de concentração e um gel de poliacrilamida a 12% como gel de separação. A composição destes dois géis é apresentada na Tabela 2.

Quadro 2: Composição dos géis de poliacrilamida para eletroforese em condições desnaturantes (PAGE-SDS)

Gel *de empilhamento* (4%)	Gel de separação (12%) "*Gel de corrida*
- 0,7 ml de acrilamida/bisacrilamida (29,2/0,8%)	- 4 ml de acrilamida/bisacrilamida (29,2/0,8%)
- 1,25 ml de Tris-HCl (0,5 M, pH 6,8)	- 2,5 ml de Tris-HCl (1,5 M, pH 8,8)
- 3 ml Água destilada	- 3,35 ml Água destilada
- 50 gl SDS (10%)	- 100 gl SDS (10%)
- 25 gl APS (10%)	- 50 gl APS (10%)
- 5 gl TEMED	- 10 gl TEMED

A polimerização do gel é iniciada pela adição de 0,1% (w/v) de persulfato de amónio (APS) e do catalisador N,N,N',N'-tetra-metileno-diamina (TEMED) (6 mM).

III. 2. 1. b- Preparação e migração das amostras

Um volume contendo 50 jarros de proteína é тёlапдё com 5 Щ de tampão de carga cuja composição é a seguinte: 60 mM de Tris-HCl (pH 6,8), 1% (p/v) de SDS, 10% (v/v) de дlусёrоl, 0,01% (p/v) de azul de bromofёnol e 1% (v/v) de 2-B-mercaptoetanol. O mёlange é aquecido durante 5 minutos a 100°C e depositado nos poços do gel.

III. 2. 1. c- Migração e revelação

A migração foi efectuada à temperatura ambiente com uma tensão constante de 100 V. O tampão de migração utilizado foi Tris-HCl (25 mM, pH 8,5), glicina (320 mM) e SDS (0,1%, p/v). Os géis foram corados durante a noite à temperatura ambiente, sob agitação, com uma solução de água destilada / metanol / ácido acético (5/4/1, v/v/v) contendo 0,25% (p/v) de azul de coomassie R-250. O gel é então lavado com a mesma solução sem o azul de coomassie. Esta fase de lavagem permite a descoloração do gel sem remover o azul de coomassie ligado às proteínas.

O peso molecular da subunidade GAPDH foi determinado por referência à linha (mobilidade relativa em função do logaritmo do peso molecular) traçada com base na migração relativa dos marcadores de peso molecular (distância da migração do marcador em relação à distância da frente de migração).

III.2.2 Determinação do peso molecular da GAPDH por FPLC

O peso molecular da GAPDH nativa foi determinado por filtração em gel através de uma coluna Superdex H/R ligada a um sistema de cromatografia líquida de proteínas rápida (FPLC) (Pharmacia, Uppsala, Suécia). O tampão Tris-HCl (50 mM, pH 7,5) com 150 mM de NaCl e 5 mM de $MgCl_2$ foi utilizado como fase móvel a um caudal de 0,3 ml/min. Os marcadores de peso molecular utilizados para calibrar a coluna e construir a curva de calibração foram a ferritina (440 kDa), a catalase (232 kDa), a aldolase (158 kDa), a BSA (67 kDa) e a ovalbumina (43 kDa). Estas proteínas foram detectadas nos eluatos por absorvância a 280 nm.

111.3. Determinação do ponto isoelétrico da GAPDH

O ponto isoelétrico da GAPDH purificada foi determinado utilizando a técnica de isoelectrofocusing (IEF) num gel de poliacrilamida, de acordo com o procedimento descrito por Robertson et *al.* (1987). O princípio desta técnica baseia-se no gradiente de pH criado pelos anfólitos introduzidos na preparação do gel, sob alta tensão.

111.3.1 Preparação do gel de poliacrilamida a 5%

O gel de poliacrilamida a 5% utilizado para determinar o ponto isoelétrico (*pI*) é composto por :

- 2 ml de solução de acrilamida / bisacrilamida (29,2 / 0,8%),
- 0,6 ml de solução de anfólito (intervalo de pH 3,5-10; Pharmalyte 3,5-10),
- 2,4 ml de glicerol a 50% (v/v) em água destilada,
- 7 ml de água destilada.

A mёlange é dёgazё, e a polimёrisação do gel é iniciada à tempёratura ambiente pela adição de 50 Щ de 10% (p/v) de persulfato de amónio e 20 Щ de TEMED. O mёlange é então vertido entre duas placas de vidro (mini-placa de 8 x 10 cm) espaçadas de 1,5 mm.

III. 3. 2 Preparação das amostras

O equivalente a 40 frascos de protёinas é misturado com um volume igual de uma solução composta por glicogénio (80%, v/v) e anfólitos (4%, v/v) no mesmo intervalo de pH utilizado para a preparação do gel (3,5-10).

III. 3. 3 Migração e revelação

Soluções de hidróxido de sódio (NaOH) 25 mM e ácido acético 20 mM são utilizadas como soluções de elétrodo no cátodo e no ânodo, respetivamente. A migração das protínas é efectuada a 4°C, inicialmente durante 2 h a 200 V, e depois durante 2 h aumentando a tensão para 400 V. Após a migração, o gel é lavado uma vez com uma solução de TCA a 10% (p/v) e depois várias vezes com a mesma solução a 1% (p/v) antes de ser completamente lavado com água destilada. As proteínas são visualizadas no gel após coloração com azul de coomassie, tal como descrito anteriormente (III.2.1.c).

As proteínas utilizadas como marcadores de *pI* situam-se na gama de pH 4,4-9.6. O *pI da* GAPDH purificada é determinado a partir da curva de calibração que representa a distância percorrida por cada proteína marcadora em função do seu *pI*.

III. 4 Determinação dos parâmetros cinéticos da GAPDH purificada

[++]O método utilizado para determinar as constantes cinéticas da enzima é o descrito por Florini e Vestling (1957), que consiste em variar a concentração de um substrato, NAD (de 0,02 a 0,32 mM) ou D-G3P (de 0,02 a 0,064 mM), e fixar a do outro substrato (NAD ou D-G3P). As medições de atividade foram efectuadas nas mesmas condições que as descritas acima (II.2.4.e), utilizando tampão tricina (50 mM, pH 8,0) a 30°C. A velocidade máxima da reação enzimática (V_{max}) e as constantes de Michaelis-Menten de cada substrato (K_m) foram determinadas graficamente utilizando a representação de Lineweaver-Burk (1934).

III. 5 Determinação dos parâmetros físico-químicos

III.5.1 Influência da temperatura na atividade da GAPDH

O efeito da temperatura na atividade da GAPDH purificada foi determinado através da monitorização da ativação e desnaturação da enzima.

III. 5. 1. a- Ativação térmica da GAPDH

A tempëratura de ativação a ële dëterminëe através da medição da atividade da GAPDH em tampão tricina (50 mM, pH 8) aquecido até à tempëratura dësirëe numa gama de 5 a 65°C. A mistura de reação é a mesma que a descrita anteriormente (II.2.4.e). A reação é dëclenchëe pela adição da enzima purificada.

III. 5. 1. b- Desnaturação térmica da GAPDH

A dënaturação térmica da GAPDH é ëtudiëada pré-incubando a enzima durante 10 min a uma temperatura dësirëe entre 5 e 65°C. A reação é iniciada pela adição da enzima pré-aquecida à mistura de reação habitual.

III.5.2 Influência do pH na atividade da GAPDH

A influência do pH na atividade da GAPDH foi estudada na gama de pH 4 a 9,5, utilizando uma mistura de tampões com diferentes pKa (50 mM Tris-HCl, 50 mM MES, 50 mM HEPES, 180 mM acetato de sódio e 50 mM fosfato). O tampão foi aliquotado e o pH ajustado a diferentes valores (de 4 a 9,5) utilizando uma solução de HCl 1 M ou uma solução de NaOH 1 M. A atividade da GAPDH foi medida nos diferentes valores de pH, tal como descrito anteriormente (II.2.4.e).

III.6 Produção de anticorpos policlonais anti-GAPDH

Para produzir anticorpos policlonais contra a GAPDH purificada de *T. thermophila*, um coelho albino de 1,5 kg foi injetado por via subcutânea em diferentes locais com 500 µg da enzima misturada com adjuvante incompleto de Freund (v/v). Antes da injeção, foram colhidos 10 ml de sangue do coelho para recuperar o soro pré-imune. Após três semanas, foi administrada uma segunda injeção de reforço e, uma semana mais tarde, foi administrado outro reforço. Uma semana após esta última injeção de reforço, foi colhido um volume de 60 ml de sangue do coelho imunizado. O antissoro foi separado deixando o sangue colhido coagular durante 1 hora a 30°C e depois durante a noite a 4°C. Após centrifugação a 4000 *g* durante 15 min, o soro obtido contendo anticorpos policlonais anti-GAPDH foi suplementado com azida de sódio (0,02%) e armazenado a -20°C até ser utilizado.

III.7 Análise Western blot

III.7.1 Electrotransferência em membrana de nitrocelulose

As proteínas são transferidas utilizando um dispositivo de transferência semi-seco. Após eletroforese em gel de poliacrilamida na presença de SDS, as proteínas são transferidas para uma membrana de nitrocelulose de 0,45 µm (Schleicher e Schuell, Dassel, Alemanha) previamente equilibrada em tampão de transferência: Tris-HCl (25 mM, pH 8,3), glicina (192 mM), SDS (1,3 mM) e metanol (20%, v/v).

A transferência é conseguida através da aplicação de uma corrente de 200 mA durante 45 minutos. A montagem *em sanduíche* é constituída por uma folha de nitrocelulose colocada sob o gel de poliacrilamida. A montagem é colocada entre papel Whatman e posta em contacto com as duas placas de grafite.

A membrana foi então corada durante 5 minutos com vermelho de ponceau a 0,2% (p/v) numa solução de TCA a 3% (p/v) e lavada cuidadosamente com água destilada. O aparecimento de bandas de cor vermelha na membrana têmotifica a presença das protëinas e, por conseguinte, a eficiência da transferência.

III.7.2 Imunodetecção

A membrana que contém as protecções transfërëdas é incubada durante a noite à temperatura ambiente com agitação suave numa solução de 5% (p/v) de BSA preparada em tampão TBS (Tris-HCl (20 mM, pH 7,5) contendo 150 mM de NaCl). Esta fita permite a saturação de locais não específicos para evitar subsequentemente quaisquer fixações não específicas. A membrana é então incubada, na presença de soro imune numa diluição de 1:500 em TBS, durante 2 h à temperatura ambiente com agitação. A membrana é então lavada 3 vezes (15 min cada) com TBS e uma quarta lavagem de 15 min com TBST (TBS contendo 0,05% (v/v) de Tween-20), depois incubada durante 45 min na presença do anticorpo secundário (anti-IgG de coelho conjugado com peroxidase (Promega, Madison, EUA)) a uma diluição de 1/1000 em TBST. A membrana é então lavada 3 vezes com TBST (15 minutos cada) e enxaguada com TBS durante 15 minutos. A revelação é efectuada no escuro em 20 ml de uma solução constituída por uma mistura de 4-cloro-1-naftol (12 mg em 4 ml de mëtanol), TBS (16 ml) e H_2O_2 (25 gl de uma solução a 33% (v/v) em água). Assim que as bandas escuras aparecem na membrana, a reação é interrompida por lavagem com água corrente. A membrana revista é então seca entre dois papéis Whatman.

III.8 Efeito do stress oxidativo e nitrosativo na atividade da GAPDH purificada

Para avaliar o efeito *in vitro* do stress oxidativo e nitrosativo na atividade enzimática da GAPDH de *T. thermophila*, a enzima purificada foi incubada na presença de diferentes concentrações de H_2O_2 e SNP. O intervalo de concentração de H_2O_2 utilizado foi entre 0 e 25 mM, enquanto o intervalo de concentração de SNP foi entre 0 e 75 mM. Estas gamas foram preparadas em tampão Tris-HCl (25 mM, pH 8,0) contendo 1 mM de EDTA. A enzima foi incubada durante 30 minutos a 30°C na presença de cada concentração de stressor. A atividade da GAPDH foi medida por espetrofotómetro a 340 nm.

As concentrações inibitórias da atividade da GAPDH (IC_{10} e IC_{50}) de cada stressor, definidas como as concentrações que inibem a atividade enzimática em 10% e 50%, respetivamente, foram calculadas utilizando a análise probit (Bliss, 1935).

IV. ANÁLISE ESTATÍSTICA

Os resultados prësentës no nosso trabalho sëo expressos como a média dos valores obtidos de pelo menos três expëriências independentes. Os valores médios são apresentados com os respectivos desvios padrăo (SEM). O *teste t* de Student foi usado para comparação de médias. Os limiares de significância estatística são: $p < 0,05$ (significativo) e $p < 0,01$ (altamente significativo).

CAPÍTULO 3

RESULTADOS E DISCUSSÃO

PARTE 1: EFEITO DO ESFORÇO OXIDANTE E NITROSATIVO NO CRESCIMENTO, MORFOLOGIA E FISIOLOGIA DE *Tetrahymena thermophila*

Nesta primeira parte, apresentamos os resultados relativos aos efeitos do stress oxidativo e do stress nitrosativo no protozoário ciliado *T. thermophila*. O peróxido de hidrogénio (H_2O_2) e o nitroprussiato de sódio (SNP) foram os dois agentes de stress escolhidos e utilizados para avaliar o impacto destes dois tipos de stress no crescimento, na morfologia e na fisiologia de *T. thermophila*.

I. EFEITO DO STRESS OXIDATIVO E NITROSATIVO NO CRESCIMENTO DE *T. THERMOPHILA*

Para avaliar o efeito do stress oxidativo e nitrosativo no crescimento de *T. thermophila*, o protozoário foi incubado a 32°C durante 72 h com diferentes concentrações de H2O2 (de 0,05 a 1,5 mM) e SNP (de 0,05 a 15 mM). A cultura de controlo, realizada nas mesmas condições mas na ausência de agentes de stress, indicou que *T. thermophila* estava na sua fase de crescimento logarítmico após 72 h de incubação.

Os resultados da contagem de células para as diferentes culturas, apresentados na Figura 12, indicam que o crescimento de *T. thermophila* é sensível aos agentes de stress testados. A sensibilidade depende do tipo de stress e da concentração utilizada. As curvas de dose-resposta diferem consoante a natureza do agente de stress.

Para H2O2 em concentrações abaixo de 0,5 mM, não foi observada nenhuma alteração significativa no número de células (Figura 12a). A inibição do crescimento só se tornou significativa a partir de 0,5 mM de H2O2.

No caso do SNP (Figura 12b), verificou-se uma correlação negativa entre o número de células e a concentração; à medida que a concentração de SNP aumentava, o número de células diminuía. Como mostra a Figura 12, H2O2 e SNP inibiram completamente o crescimento de *T. thermophila* a 1 e 10 mM, respetivamente.

A análise de Probit (Bliss, 1935), utilizada para calcular as concentrações inibitórias (IC_{10} e IC_{50}), revelou que o H2O2 é mais tóxico do que o SNP com valores IC_{10} e IC_{50} mais baixos (IC_{10} H2O2 = 0,499 mM < IC_{10} SNP = 0,534 mM) (IC_{50} H2O2 = 0,705 mM < IC_{50} SNP = 1,845 mM) (Quadro 3).

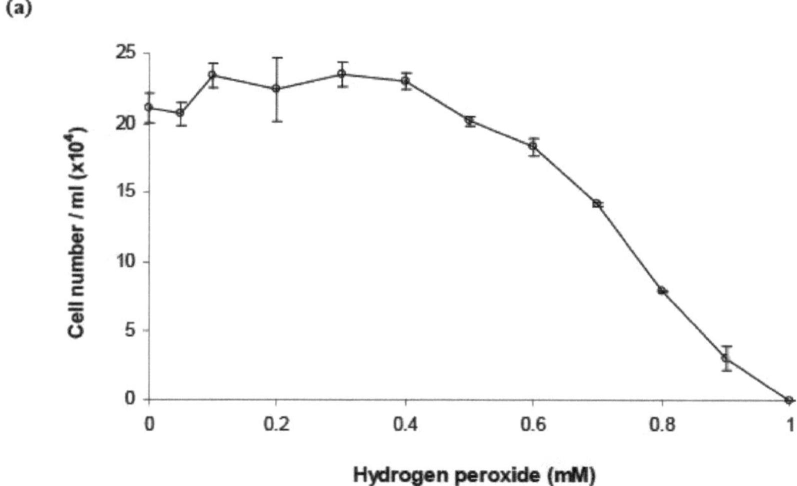

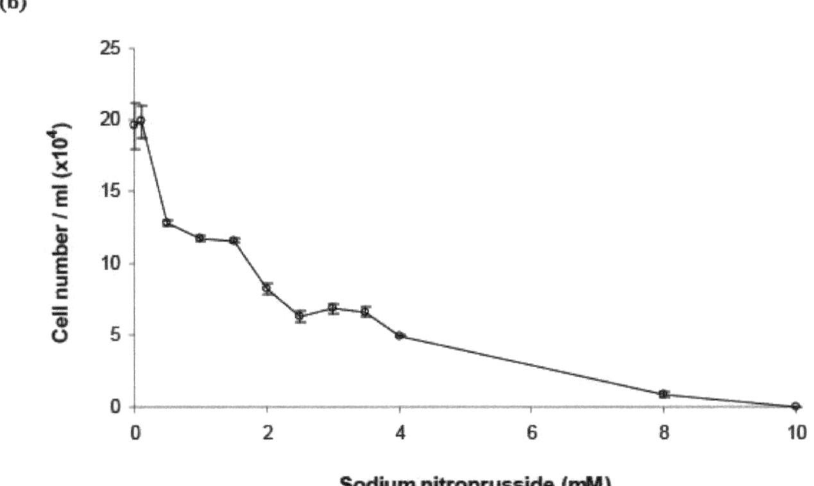

Figura 12. Efeitos de H2O2 (a) e SNP (b) no crescimento de *T. thermophila*

O número de células de *T. thermophila* foi determinado após 72 h de incubação a 32°C na presença de diferentes concentrações de agentes de stress. Os dados representam as médias de 3 experiências separadas ± desvios padrão.

Tabela 3. Concentrações inibitórias (IC10, IC50 e MIC) de H2O2 e SNP no crescimento de

crescimento de *T. thermophila*

	IC10 (mM)	IC50 (mM)	CIM (mM)
H2O2	0,499 ± 0,014	0,705 ± 0,009	1
SNP	0,534 ± 0,067	1,845 ± 0,084	10

Os valores representam as médias de 3 experiências separadas ± desvios-padrão.

Para determinar como os agentes de stress afectam o número e o tempo de geração de *T. thermophila*, comparámos as células não tratadas com as tratadas com H2O2 e SNP. Os resultados obtidos indicam que o número normal e o tempo de geração de *T. thermophila* após 72 h de crescimento, nas nossas condições de cultura, foram de 8,18 e 8,79 h, respetivamente. A adição de agentes de stress influenciou ambos os parâmetros; o número de gerações diminuiu e o tempo de geração aumentou significativamente (p<0,05) (Tabela 4).

Tabela 4. Número e tempo de geração de *T. thermophila* incubada a 32°C durante 72 h na presença de H2O2 e SNP com IC10 e IC50.

		Número de gerações	Tempo de geração (h)
Temporizad or		8,19 ± 0,09	8,79 ± 0,10
H2O2	*IC10*	8,14 ± 0,02	8,85 ± 0,03
	IC50	7,64 ± 0,02*	9,43 ± 0,03*
SNP	*IC10*	7,48 ± 0,04*	9,62 ± 0,05**
	IC50	6,81 ± 0,05**	10,57 ± 0,07**

*Cada valor representa a média de 3 experiências separadas ± desvio padrão. * Significativamente diferente do controlo a p< 0,05*

*** Significativamente diferente do valor de controlo a p< 0,01*

II. EFEITO DE H2O2 E SNP NA MORFOLOGIA DE *T. THERMOPHILA*

Numa outra série de experiências, as células de *T. thermophila* foram cultivadas a 32°C durante 72 h na presença de um agente de stress (H2O2 ou SNP) com IC50, a fim de avaliar os efeitos na morfologia celular.

Os resultados desta análise prësentës na Figura 13 mostram que as alterações na morfologia ët foram mais pronunciadas nas células tratadas com SNP do que nas células tratadas com H2O2. A morfologia das células tratadas com SNP foi marcadamente alterada em comparação com o controlo. As células assumiram várias formas anormais e a sua mobilidade também foi afetada. Giravam em círculos ou moviam-se de forma irregular. Além disso, observámos células que tinham iniciado a divisão celular mas não tinham completado a citocinese (Figura 13c). Na presença de H2O2, as células de *T. thermophila* aumentam de tamanho, aumentando o seu volume interno. Também foi observada uma clara diminuição do número de células no IC50 de cada agente de stress.

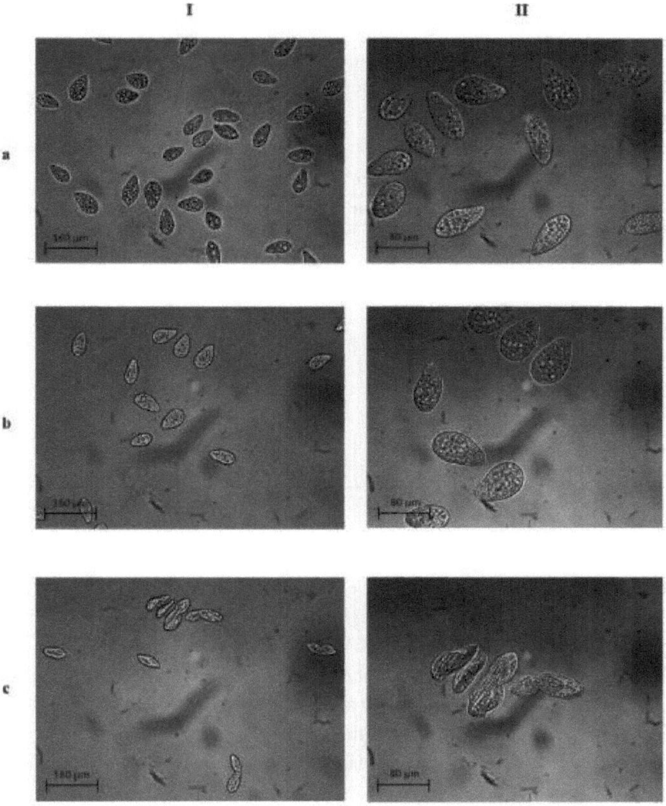

Figura 13. Análise microscópica de células de *T. thermophila* cultivadas a 32°C durante 72 h na ausência de agente de stress (a) e na presença de H2O2 (b) e SNP (c) com IC50

As imagens microscópicas foram obtidas com duas ampliações (**I**: x20 e **II**: x40).

Nós ëtudamos a reversibilidade desses efeitos. As células de *T. thermophila* foram cultivadas por 72 h com IC50 de H2O2 ou SNP, depois inoculadas em meio de cultura sem estresse recém-preparado por 72 h a 32 ° C. Os resultados mostraram que as células foram capazes de recuperar a sua morfologia normal e a sua capacidade de crescimento. As células tratadas com H2O2 e SNP recuperaram a sua forma normal.

III. EFEITOS FISIOLÓGICOS DO H2O2 E DA SNP NA *T. THERMOPHILA*

A exposição de *T. thermophila* ao IC50 de H2O2 ou SNP induziu um aumento significativo das actividades intracelulares de catalase, SOD e do nível de peróxidos lipídicos (substâncias reactivas com ácido tiobarbitúrico (TBARS) ou malondialdeído (MDA)) em comparação com o controlo (Quadro 5). As células tratadas com SNP apresentaram o maior aumento da atividade da catalase, com um aumento de 2,5 vezes em comparação com o controlo, enquanto a atividade da catalase das células tratadas com H2O2 aumentou significativamente em 2,2 vezes. Do mesmo modo, foi observado um aumento de 4,8 vezes na atividade da SOD nas células tratadas com SNP, enquanto nas células tratadas com H2O2 aumentou 4,5 vezes. Foi observado um aumento claro de TBARS em ambas as condições de stress. O nível de peroxidação lipídica medido por TBARS aumentou 3,4 e 1,6 vezes nas células tratadas com SNP e H2O2, respetivamente.

Tabela 5. Efeitos *in vivo* do H2O2 e do SNP nos marcadores antioxidantes e na GAPDH em *T. thermophila*

	Temporizador	H2O2	SNP
Catalase (*umol min mg proteína*)	11,317 ± 5,054	24,867 ± 4,999**	28,019 ± 1,918**
Superóxido dismutase (*umol/min/mg de proteína*)	0,010 ± 0,003	0,048 ± 0,008*	0,051 ± 0,017*
Substâncias reactivas com ácido tiobarbitúrico (*nmol/mg de proteína*)	0,039 ± 0,001	0,059 ± 0,008*	0,131 ± 0,002**
GAPDH (*umol/min/mg de proteína*)	2,010 ± 0,103	1,530 ± 0,033**	0,620 ± 0,019**

Os valores representam as médias de 3 experiências separadas ± desvios-padrão.
1   Significativamente diferente do valor de controlo a p < 0,05
*2   * Significativamente diferente do valor de controlo ap < 0,01*

A fim de elucidar o efeito *in vivo* do stress oxidativo e nitrosativo na GAPDH de *T. thermophila*, determinámos a atividade da GAPDH em extractos brutos obtidos de células de *T. thermophila* cultivadas na presença de ambos os agentes de stress (H2O2 ou SNP) com IC50. Os resultados mostram que a GAPDH é altamente sensível ao H2O2 e ao SNP. Ambos os agentes de stress reduziram significativamente a atividade específica da GAPDH em comparação com o controlo. Assim, a atividade específica da GAPDH nas células ëla11 tratadas com SNP diminuiu 69%, enquanto que nas células tratadas com H2O2 diminuiu apenas 24%.

Por outro lado, os extractos brutos obtidos a partir de células cultivadas durante 72 h a 32°C na presença de agentes de stress (H2O2 ou SNP) com IC50, bem como os obtidos a partir de células de controlo, foram analisados por western-blot. Um anticorpo policlonal de coelho, que produzimos anteriormente contra GAPDH purificado de *T. thermophila* (Errafiy e Soukri, 2012), foi usado para a análise. Os resultados apresentados na Figura 14 revelaram um claro aumento na expressão de GAPDH no extrato bruto de células cultivadas na presença de SNP, enquanto apenas um aumento de ЬІдёге foi observado quando as células foram cultivadas na presença de H2O2.

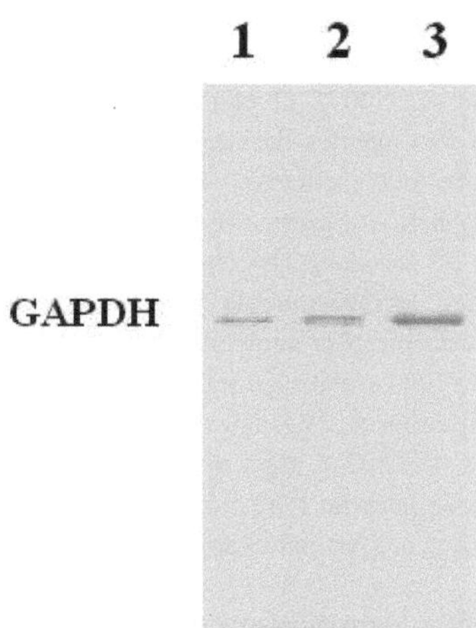

Figura 14. Análise Western blot da GAPDH em extractos brutos de células de *T. thermophila* cultivadas a 32°C durante 72 h na ausência de agentes de stress (1) e (2).
na presença de H2O2 (2) e SNP (3) com FIC50
Foi utilizado um anticorpo policlonal produzido contra a GAPDH purificada de *T. thermophila*.

IV. EFEITO *IN VITRO* DOS FACTORES DE STRESS NA ACTIVIDADE DO GAPDH

A fim de estudar o efeito *in vitro* do stress oxidativo e nitrosativo na GAPDH de *T. thermophila*, a enzima foi purificada até à homogeneidade electroforética a partir de um extrato celular bruto utilizando um procedimento que envolve a precipitação com sulfato de amónio e duas etapas cromatográficas, DEAE-celulose e mono-S (Errafiy e Soukri, 2012). A enzima purificada foi incubada na presença de diferentes concentrações de H2O2 ou SNP durante 30 min a
30°C. Os resultados mostram que ambos os tipos de stress reduzem a atividade da GAPDH. O H2O2 e o SNP têm um efeito inibitório dependente da dose na atividade da GAPDH; à medida que a concentração do agente de stress aumenta, a atividade da GAPDH diminui até à inibição completa a 25 mM de H2O2 e 75 mM de SNP. A determinação do IC50 por análise probit (Bliss, 1935) indicou que, dos dois agentes de stress estudados, o H2O2 foi o mais tóxico (0,853 ± 0,048 mM) em comparação com o SNP (4,115 ± 0,091 mM) (Quadro 6).

Tabela 6. Concentrações inibitórias in *vitro* (IC10, IC50 e MIC) de H2O2 e SNP na atividade da GAPDH de *T. thermophila*

	IC10 (mM)	IC50 (mM)	CIM (mM)
H2O2	0,096 ± 0,015	0,853 ± 0,048	25
SNP	0,233 ± 0,027	4,115 ± 0,091	75

Os valores representam as médias de 3 experiências separadas ± desvios-padrão.

V. DISCUSSÃO

Neste estudo, demonstrámos que a exposição de *T. thermophila* a agentes de stress provoca danos oxidativos numa série de parâmetros. Foram utilizados dois agentes de stress diferentes

(H2O2 e SNP) para avaliar os efeitos tóxicos no protozoário. Os efeitos do stress nitrosativo nos microrganismos já foram estudados por vários investigadores utilizando SNP como agente nitrosante (Rogstam et *al.*, 2007). O efeito de H2O2 e SNP no crescimento de *T. thermophila* mostrou que os dois agentes de stress actuaram de forma diferente, mas que ambos inibiram completamente o crescimento (Figura 12). Foram observados resultados semelhantes no ciliado *Tetrahymena pyriformis* (Fourrat et *al.*, 2007b). Pensa-se também que o H2O2 inibe o crescimento da levedura *Yarrowia lipolytica* (Biriukova et *al.*, 2006). Do mesmo modo, observou-se em fibroblastos de pulmão humano que o H2O2 induzia a paragem do crescimento em concentrações subletais (Lee et *al.*, 2000). No que diz respeito ao stress nitrosativo, Sahoo et *al* (2003) relataram uma inibição significativa do crescimento na presença de GSNO (composto dador de NO) em determinadas leveduras. De facto, a Figura 12 e a Tabela 3 revelam que o H2O2 é mais tóxico do que o SNP para o nosso modelo celular. O número e o tempo de geração também foram modificados pelos dois agentes de stress, indicando que o H2O2 e o SNP actuaram significativamente no crescimento de *T. thermophila.*

Por outro lado, a exposição dos protozoários ao IC50 de H2O2 ou SNP modificou fortemente a morfologia celular. As observações microscópicas revelaram que o SNP induziu alterações significativas na estrutura celular de *T. thermophila.* As células tratadas com SNP apresentaram formas invulgares. A sua motilidade foi afetada e não completaram a citocinese. Foram observados efeitos semelhantes em *T. pyriformis.*

^aИёе ao brometo de etídio (Meyer et *al.,* 1972). O H2O2 também afectou a estrutura celular do protozoário, aumentando o seu volume interno. Estes efeitos foram reversíveis após a transferência das células stressadas para um meio de cultura sem agentes de stress.

Certos biomarcadores podem fornecer informações sobre o estado dos níveis de stress intracelular. Para combater o stress oxidativo e nitrosativo, as células utilizam uma vasta gama de mecanismos de defesa enzimáticos e não enzimáticos (Powers e Jackson, 2008). As células aeróbias desenvolveram estratégias de defesa contra os danos induzidos pelas espécies oxidantes, incluindo enzimas de defesa como a catalase e a SOD (Halliwell e Gutteridge, 1999). No nosso estudo, a presença de factores de stress induziu um aumento significativo do sistema de defesa antioxidante (Tabela 5) de *T. thermophila.* A atividade da catalase aumentou por um fator de 2,5 e 2,2, respetivamente, na presença de SNP e H2O2. Este aumento da atividade da catalase pode refletir um mecanismo compensatório destinado a atenuar as vias oxidativas e nitrosativas. Foi sugerido que a catalase é uma via importante para a decomposição do H2O2 (Coien e Hocistein, 1963), que deve ser eliminado rapidamente devido à sua toxicidade (Halliwell e Gutteridge, 1999). Foi observado um aumento significativo da atividade da SOD nas células de *T. thermophila* tratadas com SNP e H2O2 em comparação com as células de controlo. As actividades foram 4,8 e 4,5 vezes mais elevadas do que as medidas na cultura de controlo. O aumento da atividade da SOD reflecte provavelmente um aumento do papel do sistema SOD na defesa contra o stress oxidativo e nitrosativo. A SOD catalisa a dismutação de aniões superóxido em peróxido de hidrogénio e a catalase converte depois o H2O2 em oxigénio molecular e água (Inal et *al.*, 2001). A Tabela 5 mostra um aumento significativo da peroxidação lipídica em células de *T. thermophila* tratadas com SNP e H2O2. O nível de peróxidos lipídicos foi mais elevado na presença de SNP no meio de cultura do que na presença de H2O2, com um fator de 3,4 para SNP em comparação com apenas 1,6 para H2O2. O aumento dos níveis de TBARS sugere um aumento claro dos níveis de radicais livres, que pode ser devido ao aumento da sua produção e/ou à redução da sua destruição (Giugliano et al., 1996). A peroxidação lipídica é um processo destrutivo auto-catalítico induzido por radicais livres, através do qual os ácidos gordos poli-insaturados das membranas celulares sofrem degradação para formar peróxidos de iodo lipídicos (Slater, 1984; Sevanian e Hocistein, 1985). Estes compostos decompõem-se para formar uma grande variedade de produtos, nomeadamente MDA (Zeyuan et al., 1998).

Uma vez que os agentes de stress utilizados tiveram uma forte influência no crescimento e na morfologia de *T. thermophila*, os seus efeitos fisiológicos foram amplamente estudados. Por conseguinte, a GAPDH foi escolhida como marcador metabólico. A análise da GAPDH no extrato bruto de *T. thermophila* após tratamento com H2O2 ou SNP revelou uma diminuição da atividade específica desta enzima. Foi observada uma diminuição significativa nas células de *T. thermophila* tratadas com SNP, resultando numa perda de 69% da atividade específica da GAPDH, enquanto nas células tratadas com H2O2, a diminuição foi estimada em 24%. Um estudo semelhante realizado no nosso laboratório por Fourrat et al (2007b) em *T. pyriformis* mostrou que o H2O2 não tinha qualquer efeito sobre a atividade específica da GAPDH, enquanto o SNP a reduzia. Por outro lado, para avaliar o nível de expressão da GAPDH em *T. thermophila* expostas a agentes de stress, foi efectuada uma análise de western blot utilizando um anticorpo policlonal de coelho produzido contra a enzima purificada. Os resultados mostraram um claro aumento na expressão de GAPDH em células cultivadas na presença do SNP, enquanto aquelas cultivadas na presença de H2O2 mostraram apenas um ligeiro aumento. O aumento do nível de expressão da proteína GAPDH observado *in vivo* sugere uma resposta celular para compensar o efeito inibitório sobre a atividade observado em ambos os casos de stress (Fourrat et al., 2007b).

O efeito *in vitro* dos agentes de stress na atividade da GAPDH purificada de *T. thermophila* também foi avaliado. A enzima nativa foi purificada a partir de células cultivadas em meio de cultura sem agentes de stress utilizando a precipitação de suliato de amónio seguida de dois passos cromatográficos, DEAE-celulose e mono-S (Erraiiy e Souki, 2012). A enzima nativa foi incubada durante 30 minutos a 30°C na presença de diferentes concentrações de H2O2 ou SNP para determinar o impacto da exposição *in vitro* na atividade da GAPDH. Os resultados mostraram que o aumento da concentração do stressor foi acompanhado por uma diminuição da atividade da GAPDH. A inibição completa da atividade da GAPDH foi observada a 25 mM de H2O2 e 75 mM de SNP. Além disso, a determinação do IC50 indica que a GAPDH é muito mais sensível ao H2O2 do que ao SNP, uma vez que o IC50 para o H2O2 é de aproximadamente 0,853 ± 0,048 mM, enquanto que para o SNP é de 4,115 ± 0,091 mM. Estes resultados poderiam ser explicados, em parte, pela presença de um tiol altamente reativo no sítio ativo da GAPDH, que pode ser afetado por radicais livres. Com efeito, foi referido que a inativação da GAPDH é causada principalmente pela interferência de radicais com o resíduo de cisteína presente no sítio ativo, que foi descrito como S-tiol por H2O2 (Schuppe-Koistinen et al., 1994) e S-nitrosilo por óxido nítrico (Stamler et al., 1992). Grant et al (1999) demonstraram que a atividade da GAPDH é regulada pela S-tiolação da proteína na proteção contra o stress oxidativo e que este processo é fisiologicamente importante para a sobrevivência em condições de stress oxidativo. Foi demonstrado que a GAPDH sofre ADP-ribosilação endógena em resposta ao SNP (Kots et al., 1992). Foi também descrito que os radicais de óxido nítrico podem levar à inativação da GAPDH, promovendo a modificação do resíduo de cisteína do sítio ativo por mono-ADP-ribosilação (Kots et al., 1992; Zhang e Snyder, 1992). Além disso, foi referido que as proteínas cruciais para o metabolismo ou a estrutura celular, como a GAPDH, podem ser mono-ADP-ribosiladas pelo stress oxidativo

(Dimmeler et *al.*, 1992).

VI. CONCLUSÃO

Uma melhor compreensão dos danos induzidos pelos agentes de stress que afectam a célula pode orientar a investigação futura para terapias de combate ao stress oxidativo e/ou nitrosativo. Uma via interessante de investigação é a estimulação de sistemas endógenos utilizando produtos naturais. O principal objetivo deste estudo é elucidar as consequências causadas pelo stress no crescimento, morfologia e fisiologia do cilius *T. thermophila,* considerado como um modelo celular eucariótico que pode simular os efeitos a curto prazo nas células humanas. Nossos resultados indicam que $H2O2$ e SNP dë desencadeiam alterações no crescimento e morfologia celular e induzem a inibição da atividade da GAPDH in *vivo* e *in vitro*.

PARTE 2: PURIFICAÇÃO E CARACTERIZAÇÃO DA GLICERALDEÍDO-3-FOSFATO DESIDROGENASE DO PROTOZOÁRIO CILY *Tetrahymena thermophila*

A fim de avaliar as perturbações metabólicas causadas pelo stress oxidativo/nitrosativo no protozoário ciliado *T. thermophila* utilizado como modelo celular, concentrámo-nos, nesta segunda parte, no estudo do efeito *in vitro* de dois agentes de stress (H2O2 e SNP) sobre a gliceraldeído-3-fosfato desidrogenase (GAPDH), escolhida como modelo enzimático. Para o efeito, purificámos esta enzima-chave do metabolismo dos hidratos de carbono a partir de um extrato celular bruto de *T. thermophila*, utilizando um novo procedimento que envolve a precipitação fraccionada com sulfato de amónio seguida de duas etapas de cromatografia em coluna (DEAE-celulose: permuta aniónica e Mono-S: permuta catiónica).

I. PURIFICAÇÃO DO GAPDH DE *T. THERMOPHILA*

Os resultados obtidos mostram que o extrato bruto de células de *T. thermophila* lisadas por sonicação fornece um teor total de proteínas de 986 mg, o que corresponde aproximadamente a 642 unidades de GAPDH (quadro 7). Após precipitação fraccionada com sulfato de amónio na gama de 55-88%, eliminando 92% das proteínas contaminantes, a fração enzimática dialisada foi introduzida na coluna de DEAE-celulose e a eluição foi efectuada a um caudal constante de 12 ml/h. Esta fase produziu 380,61 unidades de GAPDH em 76,23 mg de proteínas (quadro 7). Nesta fase, a enzima está parcialmente purificada. A solução enzimática recuperada foi então introduzida na coluna Mono-S. Esta foi cuidadosamente lavada para remover as proteínas contaminantes. A GAPDH foi então eluída utilizando um gradiente linear de KCl (de 0 a 300 mM) a um caudal de 12 ml/h. Esta etapa final de purificação permitiu-nos obter uma proteína homogeneamente pura com uma atividade específica de 44 U/mg de proteína para um rendimento de aproximadamente 8% e um fator de purificação de cerca de 68 vezes (Quadro 7).

Tabela 7. Purificação da GAPDH de *Tetrahymena thermophila*

Fração	Proteína total (mg)	Atividade específica (U/mg de proteína)	Atividade total (U)	Fator de purificação (vezes)	Rendimento (%)
Extrato bruto	986,06	0,651	642,02	1,00	100,00
Sulfato de amónio (55-88%)	76,23	4,992	380,61	7,66	59,28
DEAE-celulose	12,15	9,197	111,75	14,12	17,40
Mono-S	1,20	44,500	53,40	68,34	8,31

Para verificar o Гьотодёпёкё e a pureza da GAPDH, analisámos as diferentes fracções recuperadas durante a purificação por eletroforese em gel de poliacrilamida em meio desnaturante (SDS-PAGE). Os resultados obtidos mostram uma redução significativa do número de bandas de proteínas contaminantes após cada etapa de purificação, em favor de um enriquecimento progressivo de uma proteína de 32 kDa (Figura 15a). Esta proteína corresponde à subunidade putativa da GAPDH de *T. thermophila* com uma massa molecular estimada de 32 kDa.

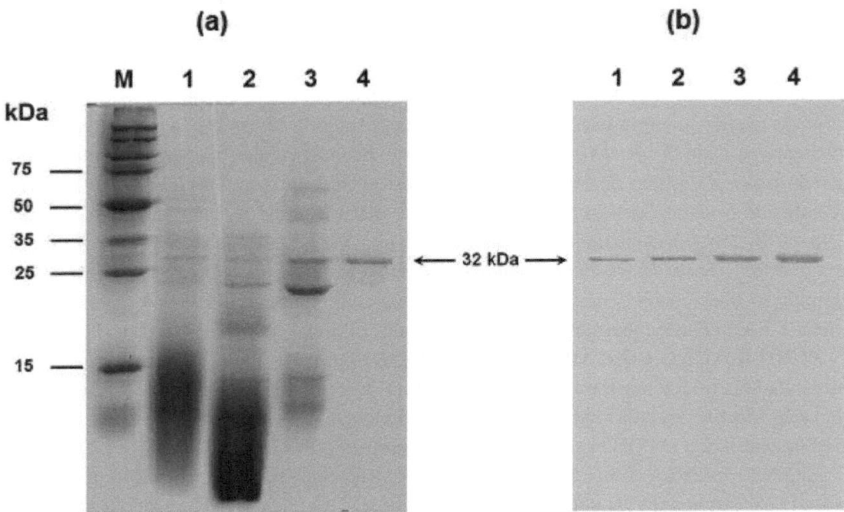

Figura 15. Purificação da GAPDH de *Tetrahymena thermophila*

(a) Análise por eletroforese em gel de poliacrilamida em meio desnaturante (SDS-PAGE) corado com azul de coomassie, mostrando os perfis proteicos das diferentes fracções obtidas obtidas durante a purificação. Linha M, Marcadores; Linha 1, Extrato bruto; Linha 2, Fração de sulfato de amónio
55-88%; Linha 3, fração DEAE-celulose; Linha 4, fração Mono-S. Foi aplicada uma quantidade semelhante de proteínas a cada linha.
(b) Análise de Western blot utilizando anticorpos policlonais específicos para GAPDH de *T. thermophila*. Linha 1, extrato bruto; Linha 2, fração de sulfato de amónio a 55-88%; Linha 3, fração de DEAE-celulose; Linha 4, fração de Mono-S. A seta indica a banda banda da subunidade GAPDH de 32 kDa.

II. ANÁLISE DE WESTERN BLOT

Foram criados anticorpos policlonais de coelho contra a GAPDH purificada de *T. thermophila*. Estes anticorpos reagiram seletivamente por immunoblotting com uma única banda imunoreactiva tanto no extrato bruto como nas preparações purificadas. A figura 15b mostra a reação dos anticorpos GAPDH que reconheceram claramente uma única banda de 32 kDa, correspondente à subunidade GAPDH. Não foram detectadas quaisquer bandas proteicas utilizando soro pré-imune como anticorpo primário.

III. DETERMINAÇÃO DO PESO MOLECULAR

Para determinar o peso molecular da enzima nativa, foi efectuada uma filtração em gel por FPLC, tendo-se obtido um valor de aproximadamente 120 kDa, correspondente ao peso molecular da GAPDH nativa de *T. thermophila* (Figura 16). Este resultado, comparado com o obtido por SDS-PAGE que mostrou uma única banda correspondente à proteína de 32 kDa, sugere que a GAPDH purificada de *T. thermophila* deve ter uma estrutura homotetramérica.

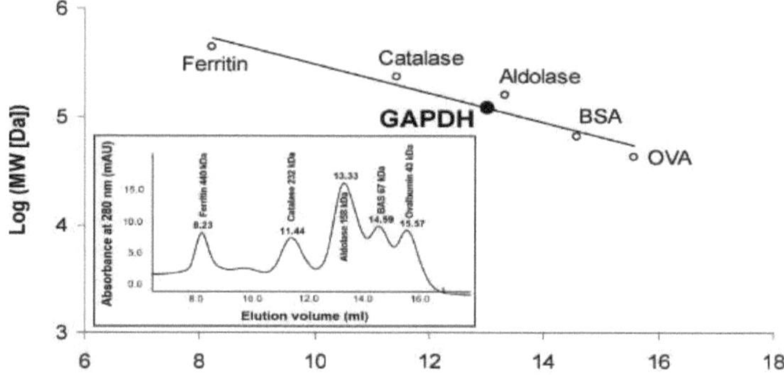

Figura 16. Determinação do peso molecular da GAPDH nativa de *T. thermophila* numa coluna Superdex 200 HR

As proteínas foram aplicadas numa coluna Superdex. Os marcadores utilizados para calibrar a
Os marcadores utilizados para calibrar a coluna e estabelecer uma curva-padrão foram a
ferritina (440 kDa), a catalase (232
kDa), a aldolase (158 kDa), a BSA (67 kDa) e a ovalbumina (43 kDa). A eluição das
A eluição das proteínas foi monitorizada por espetrofotometria a 280 nm.

IV. DETERMINAÇÃO DA *pI*

A análise de isoëlectrofocusing de proteínas com base nos valores *de pI* mostrou uma única
banda de proteína a 8,8 (o pIë estimado para a enzima) (Figura 17). Este resultado indica que
existe apenas uma isoforma básica da enzima purificada, o que sugere fortemente a expressão
de uma única cópia do gene *gapC*.

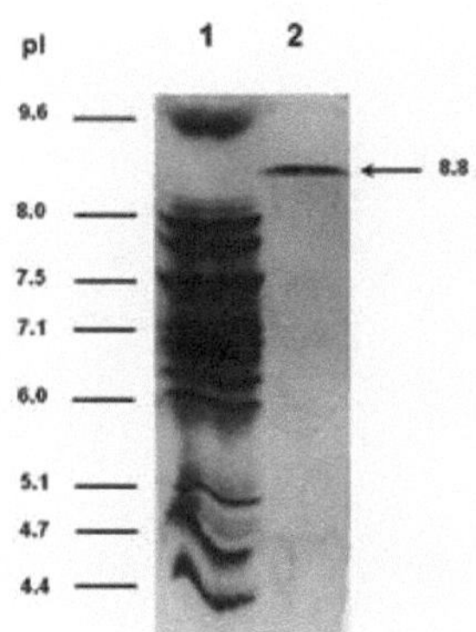

Figura 17. Análise de isoelectrofocagem da GAPDH de *T. thermophila*
A isoëlectrofocagem é realizada em gel de poliacrilamida (5% p/v, acrilamida) com um
gradiente de pH gerado por anfolitos (intervalo de pH 3,5-10). 1, Marcadores; 2, GAPDH
purificada de *T. thermophila* (30 |ig). A seta indica o ponto isoelétrico *(pI) da* GAPDH.

49

V. INFLUÊNCIA DO pH E DA TEMPERATURA NA ACTIVIDADE DA GAPDH PURIFICADA

O perfil de atividade da GAPDH purificada foi determinado numa gama de pH de 4,0 a 9,5 utilizando uma mistura de diferentes tampões. A enzima apresenta um perfil típico em forma de sino numa vasta gama de pH (Figura 18a). A atividade enzimática é máxima a um pH de cerca de 8,0.

A influência da temperatura na atividade enzimática foi determinada entre 5 e 65°C. Os estudos do efeito da temperatura sobre a atividade enzimática (ativação térmica) revelaram uma temperatura óptima de cerca de 30-35°C (Figura 18b). A pré-incubação da GAPDH de *T. thermophila* durante 10 minutos a temperaturas entre 5 e 40°C (desnaturação térmica) não afectou irreversivelmente a atividade enzimática. No entanto, a inativação térmica ocorreu acima de 40°C. O aumento da temperatura acima de 40°C não aumenta a energia cinética da enzima, mas perturba as forças que mantêm a forma da molécula; a enzima é progressivamente desnaturada, levando a alterações na forma do sítio ativo. Temperaturas superiores a 60°C desnaturam completamente a enzima.

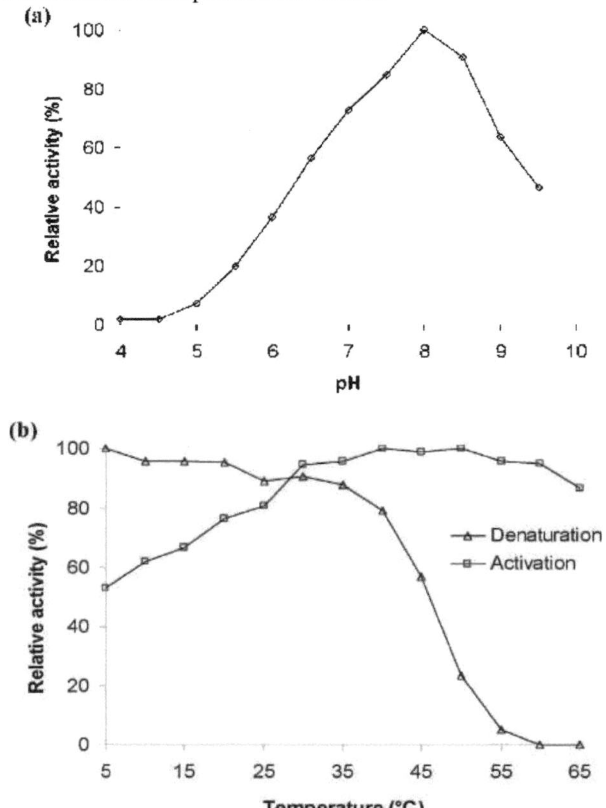

Figura 18. Efeitos do pH e da temperatura na atividade enzimática da GAPDH de *T. thermophila*

(a) A atividade enzimática da GAPDH de *T. thermophila* na gama de pH 4,0-9,5 utilizando uma mistura de diferentes tampões.
(b) Atividade enzimática da GAPDH a temperaturas entre 5 e 65°C; efeitos da temperatura de medição (ativação) e da temperatura de pré-incubação da enzima (desnaturação). Os valores representam as médias de 3 experiências separadas

VI. ESTUDOS CINÉTICOS DO GAPDH PURIFICADO

As taxas iniciais da reação enzimática foram determinadas variando a concentração dos substratos, NAD+ (de 0,02 a 0,32 mM) ou D-G3P (de 0,02 a 0,64 mM), uma vez que a GAPDH catalisa uma reação de dois substratos. Os valores de K_m aparente para NAD+ e D-G3P foram estimados em 102 ± 12 |iM e 360 ± 18 |iM, respetivamente. O V_{max} da protëina purificada foi estimado em $39,40\pm2,95$ U/mg (Tabela 8). O K_m NAD+ da GAPDH de *T. thermophila* é claramente menor, sugerindo uma afinidade mais ëlevëe para a coenzima nucleotídeo.

Tabela 8. Comparação de alguns parâmetros cinéticos e físico-químicos da GAPDH purificada de *T. thermophila* com a de outros organismos

(Hafid et *al.*, 1998; Mounaji et *al.*, 2002; Baibai et *al.*, 2007; Mountassif et *al*, 2009)

Origem da GAPDH	K_m D-G3P (HM)	K_m $^+$NAD (HM)	V_{max} (U/mg de proteína)	pH ótimo	Temperatura óptima (°C)
Tetrahymena thermophila	360±18	102±12	39,4±2,9	8,0	30-35
Tetrahymena pyriformis	150±5	5±1	5,6±0,8	8,5	35
Sardinha pilchardus	73,4±8,1	92±7,4	37,6±2,9	8,0	28-32
Pleurodeles waltl	27±11	60±10	33,2±5,7	8,5	40
Camelus dromedarius	210±80	25±10	52,7±5,9	7,8	28-32
Eritrócitos humanos	20,7	17,8	4,3	8,5	40-45

VII. EFEITO DO H2O2 E DA SNP NA GAPDH PURIFICADA

A fim de estudar o efeito fisiológico do stress oxidativo e nitrosativo em *T. thermophila*, escolhemos a GAPDH como marcador enzimático sensível ao H2O2 e ao NO, tal como demonstrado em estudos anteriores em células de *T. pyriformis* (Fourrat et *al.*, 2007b) e *Saccharomyces cerevisiae* (Cabiscol et *al.*, 2000). A GAPDH purificada de *T. thermophila* foi incubada na presença de diferentes concentrações de dois agentes de stress: H2O2 e SNP.

A Figura 19 mostra as relações dose-resposta na atividade da GAPDH. Tanto o stress oxidativo como o nitrosativo induziram uma diminuição da atividade da GAPDH até à inibição competitiva a 25 e 75 mM, respetivamente. Os resultados também mostram que 1 mM de H2O2 pode inibir a atividade da GAPDH até 50% a 30°C após 30 minutos de incubação (Figura 19a), enquanto o SNP diminui a atividade da GAPDH em 50% a 5 mM após o mesmo tempo de incubação (Figura 19b). O efeito do H2O2 na atividade da GAPDH apresentou uma curva de dose-resposta sigmoidal padrão (Figura 19a), ao passo que o SNP exerceu um efeito inibitório bifásico, conforme indicado pelos dois declives diferentes da curva (0-5 mM e 5-75 mM) (Figura 19b). Estão em curso investigações para clarificar estes resultados.

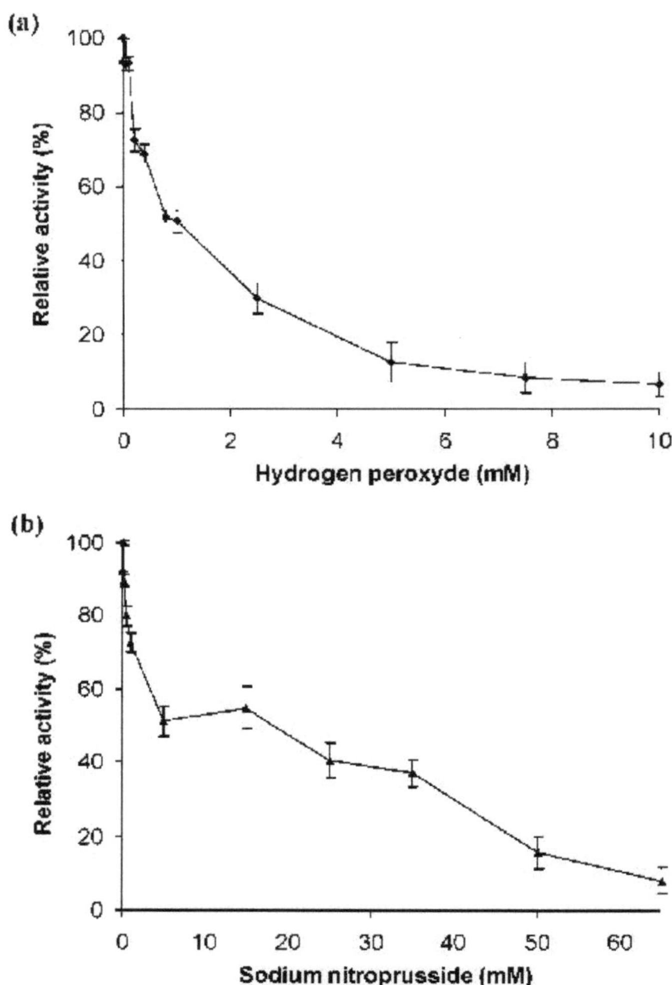

Figura 19. Efeito do stress oxidativo e nitrosativo na atividade da GAPDH em *T. thermophila*.

(a) Inibição de GAPDH рипйёе por гн2о2. A atividade da GAPDH foi medida após 30 minutos de incubação com diferentes concentrações de н2о2. (b) Inibição da GAPDH purifiёe por SNP. A atividade da GAPDH foi medida após 30 minutos de incubação com diferentes concentrações de SNP. Os valores representam as médias de 3 experiências sёparёes.

VIII. DISCUSSÃO

A GAPDH foi purificada até à homogeneidade electroforética a partir do extrato celular bruto do protozoário ciliado *T. thermophila*, utilizando um procedimento que envolveu a precipitação fraccionada com sulfato de amónio, seguida de duas etapas ciromatográficas

52

(ecianger aniónico e ecianger catiónico). Este procedimento foi efectuado a 4°C para minimizar a degradação das proteínas. Como indicado acima, a análise SDS-PAGE e Western blot da enzima purificada mostrou uma única banda correspondente a uma proteína de 32 kDa (Figura 15). Este resultado, comparado com o peso molecular nativo determinado por filtração em gel FPLC (120 kDa) (figura 16), sugere que a enzima purificada tem uma estrutura iomotetramérica como outras GAPDHs (Fortiergill e Miciels, 1993). Contudo, o peso molecular da subunidade GAPDH purificada (32 000 Da) é ligeiramente inferior ao estimado a partir da proteína encontrada (36 800 Da) noutra estirpe do mesmo microrganismo (*T. thermophila*) (Zhao et al., 1997). A sequência de nucleotídeos do gëne GAPDH (*gapC*) de *T. thermophila* está listada no GenBank sob o número de acesso AF319450.1. A diferença observada entre o peso molecular estimado e o peso molecular teórico pode ser o resultado de vários tipos de eventos pós-traducionais, tais como splicing alternativo (AS), processamento endoproteolítico (EPP) e modificações pós-traducionais (PTM) (Ahmad et al., 2005).

A análise da GAPDH purificada pela técnica de isoelectrofocusing revelou uma única isoforma a 8,8 (o *pI* estimado para a enzima) (Figura 17). Este resultado sugere fortemente que apenas uma cópia do gëne *gapC* é expressa. Esses dados estão de acordo com os relatados por Zhao et al. (1997). Uma única isoforma de *gapC* também foi encontrada em *T. pyriformis* (Hafid et al., 1998) e noutros organismos eucarióticos e procarióticos (Mounaji et al., 2002), mas esta não parece ser uma regra geral, uma vez que a presença de várias isoformas de GAPDH foi registada noutros organismos (Soukri et al., 1996).

O pH ótimo para a reação enzimática da GAPDH purificada foi de 8,0 (Figura 18a). Foi obtido um valor idêntico para a GAPDH de *Sardina pilchardus* (Baibai et al., 2007). No entanto, para a GAPDH de *T. pyriformis*, o pH ótimo foi de 8,5 (Hafid et al., 1998) (Tabela 8). Por outro lado, estudos sobre o efeito da temperatura na atividade da GAPDH de *T. thermophila* revelaram um valor ótimo entre 30-35°C (Figura 18b). Foi obtido um valor semelhante para a GAPDH de *T. pyriformis* (Hafid et al., 1998). No entanto, a GAPDH de eritrócitos humanos (Mountassif et al., 2009) e *Pleurodeles waltl* (Mounaji et al., 2002) apresentaram valores de temperatura óptima diferentes (40-45°C e 40°C, respetivamente) (Tabela 8).

[+]Como a GAPDH catalisa uma reação com dois substratos, os valores da constante de Michaelis (K_m) e as taxas máximas (V_{max}) para a redução de NAD e a oxidação de D-G3P pela GAPDH purificada foram determinados graficamente a partir de diagramas recíprocos duplos de Lineweaver-Burk (1934). [+]Os valores de K_m para NAD e D-G3P foram estimados em 102 ± 12 e 360 ± 18 µM, respetivamente. O V_{max} da enzima purificada foi de aproximadamente 39,40 ± 2,95 U/mg (Tabela 8). [+]Consequentemente, o K_m NAD da GAPDH de *T. thermophila* é claramente ini'eral, sugerindo uma maior ai'finidade para a coenzima piridina, como foi observado em *T. pyriformis* (Hafid et al., 1998) e *Camelus dromedarius* (Fourrat et al., 2007a). Para a GAPDH purificada de *S. pilchardus* e *P. waltl*, o V_{max} (37,6 e 33,24 U/mg, respetivamente) foi semelhante ao obtido para a GAPDH de *T. thermophila*. [++]Além disso, o K_m NAD da GAPDH de *S. pilchardus* (Baibai et al., 2007) foi semelhante ao estimado para a GAPDH de *T. thermophila*, mas diferente do K_m NAD da GAPDH de *P. waltl* (Mounaji et al., 2002). Além disso, o K_m D-G3P foi aproximadamente semelhante aos encontrados para a GAPDH de *T. pyriformis* (Hafid et al., 1998) e *C. dromedarius* (Fourrat et al., 2007a), mas diferente dos registados para a GAPDH de *S. pilchardius* (Baibai et al., 2007) e *P. waltl* (Mounaji et al., 2002) (Quadro 8).

As investigações sobre o efeito do stress oxidativo e nitrosativo na GAPDH de *T. thermophila* mostram que o H2O2 e o SNP induzem uma diminuição da atividade da GAPDH até à sua inibição completa (Figura 19). Foi referido que a inativação da GAPDH é causada principalmente pela interferência radicalar com o resíduo de cisteína presente no sítio ativo, que foi descrito como S-tiol por H2O2 (Schuppe et *al.*, 1994) e S-nitrosilo por NO (Stamler et *al.*, 1992). Foi também demonstrado que o H2O2 modifica os resíduos de cisteína do local catalítico da GAPDH, resultando tanto na inativação da atividade enzimática da GAPDH como em modificações estruturais da GAPDH (Beak et *al.*, 2008). O NO inibe a atividade da GAPDH modificando os tióis, que são essenciais para esta atividade, e a modificação inclui a formação de ácido sulfénico (Ishii et *al.*, 1999). A nitrosilação da Cys-149 no local ativo da GAPDH provoca uma diminuição da atividade enzimática (Mohr et *al.*, 1999). Mostrámos aqui que 1 mM de H2O2 pode inibir a atividade da GAPDH até 50% a 30°C após 30 minutos de incubação (Figura 19a), enquanto o SNP diminui a atividade da GAPDH em 50% a 5 mM após o mesmo tempo de incubação (Figura 19b). Estas observações estão de acordo com as relatadas por Fourrat et *al* (2007b) para a mesma enzima em *T. pyriformis*, o que sugere que a GAPDH poderia ser utilizada para caraterizar o efeito fisiológico do stress oxidativo e nitrosativo. Um estudo realizado em células U937 (promonócitos humanos derivados de um linfoma histiocítico) mostrou que a GAPDH é inactivada pelo H2O2, como parte de uma via de defesa celular contra a apoptose induzida pelo stress oxidativo (Colussi et *al.*, 2000). O grau de inibição depende da natureza do stress, pelo que o H2O2 deve ser mais tóxico do que o SNP, uma vez que o H2O2 actua em concentrações mais baixas.

IX. CONCLUSÃO

Em conclusão, este estudo é o primeiro, tanto quanto sabemos, a relatar a purificação e caraterização da gliceraldeído-3-fosfato desidrogenase de uma estirpe de *T. thermophila*. O procedimento utilizado para esta purificação foi rápido e simples, envolvendo dois passos cromatográficos, nomeadamente DEAE-celulose e Mono-S. A GAPDH purificada de *T. thermophila* tem uma estrutura homotetramérica. Esta GAPDH difere, em vários aspectos, das anteriormente descritas noutros organismos (Hafid et *al.*, 1998; Mounaji et *al.*, 2002; Baibai et *al.*, 2007; Fourrat et *al.*, 2007a). Um estudo do efeito de dois tipos de stress (oxidativo e nitrosativo) sobre esta enzima mostrou que o stress oxidativo é mais prejudicial do que o stress nitrosativo. As propriedades físico-químicas desta GAPDH, com as suas caractërisëes, poderiam ser utilizadas para avaliar os efeitos de dois agentes de stress (H2O2 e SNP) no protozoário *T. thermophila*, em particular as alterações que ocorrem a nível celular e fisiológico.

PARTE 3: EFEITO PROTECTIVO DE DETERMINADOS ÓLEOS ESSENCIAIS SOBRE *Tetrahymena thermophila* EXPOSTA A ESFORÇOS OXIDANTES E NITROSANTES

Nesta secção, estudámos o efeito protetor de certos óleos essenciais contra o stress oxidativo e nitrosativo. Para avaliar este efeito, monitorizámos e comparámos a cinética de crescimento de *T. thermophila* cultivada durante 140 h a 32°C em condições de stress na ausência e na presença de óleos essenciais.

Estes óleos essenciais foram extraídos de 7 plantas conhecidas pelas suas propriedades terapêuticas. Foram gentilmente fornecidos pela Professora Emna Ammar (*Escola Nacional de Engenharia de Sfax*) e armazenados a 4°C até à sua utilização.

Estes óleos foram extraídos da alfazema (*Lavandula angustifolia*), do gerânio (*Pelargonium robertianum*), do tomilho (*Thymus capitalus*), do alecrim (*Rosmarinus officinalis*), do cipreste (*Cupressus sempervireus*), do zimbro (*Juniperus phoenica*) e do cravinho (*Syzygium aromaticum*) (Quadro 9).

I. RESPOSTA DE CRESCIMENTO DE *T. THERMOPHILA* EM CONDIÇÕES DE STRESS

O H2O2 e o SNP foram utilizados para criar stress oxidativo e nitrosativo no protozoário, respetivamente. Ambos os agentes de stress inibiram completamente o crescimento de *T. thermophila* a concentrações de 1 mM H2O2 e 10 mM SNP (Figura 20).

Assim, os IC50s de H2O2 (0,7 mM) e SNP (1,8 mM), estimados através da análise probit da Figura 20, foram utilizados para avaliar o efeito destes factores de stress no crescimento de *T. thermophila*.

A curva de crescimento típica (fases lag, exponencial e estacionária) foi significativamente modificada pela adição de H2O2 ou SNP. Assim, foi observada uma diminuição significativa da fase lag nas culturas suplementadas com agentes de stress em comparação com o controlo (Figura 21). Da mesma forma, a fase exponencial mostrou uma diminuição significativa do crescimento sob stress oxidativo e nitrosativo. Não foi observada qualquer alteração na fase estacionária sob stress oxidativo em comparação com o controlo. No entanto, foi observada uma alteração significativa na fase estacionária sob stress nitrosativo em comparação com o controlo (Figura 21).

Tabela 9. Componentes principais dos óleos essenciais testados contra o stress oxidativo e nitrosativo
e nitrosativo

Espécies		Pormenor do óleo	
	Nome comum	**Composto maioritário (área, %)***	**Estrutura química do composto maioritário**
Lavandula angustifolia	Lavanda	Linalil acetal (34,5), Linalol (20,5), Metilciclopentano (10,2)	
Pelargonium robertianum	Gerânio	Acetato de geranilo (42,3), Geraniol	

		(36,7)	
Timo capital	Tomilho	Borneol (24,1), Timol (6,7)	
Rosmarinus officinalis	Alecrim	1,8-cineol (27,22), Trans-β-ocimeno (10,7), Cânfora (10,4)	
Cupressus sempervirens	Cipreste	δ-3-careno (22,9), α-pineno (20)	
Juniperus phoenica	Zimbro	α-pineno (59,1), Linalol (3,3)	
Syzygium aromaticum	Cravinho	Eugenol (75,3), acetato de eugenilo (15,1)	

[*] De acordo com a análise GC-MS (Ben Saida, 2007).

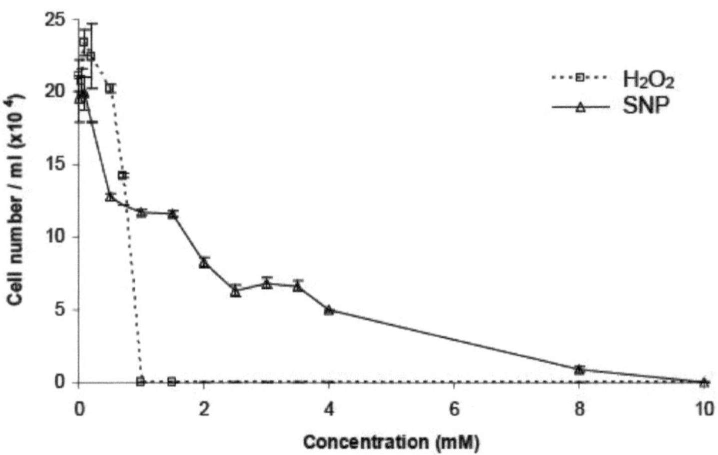

Figura 20: Curvas de dose-resposta para H2O2 e SNP no crescimento de *T. thermophila*.
O número de células foi ële determinado após 72 h de crescimento a 32°C em meio PPYE
contendo diferentes concentrações de agente de stress (H2O2 ou SNP).

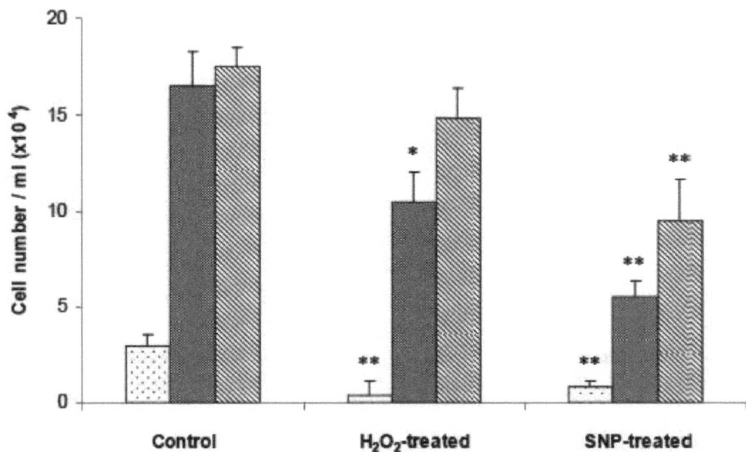

Figura 21. Efeitos de H2O2 e SNP no crescimento de *T. thermophila*

O número de células foi determinado após 24, 72 e 140 h de crescimento a 32°C, correspondendo às fases latente, exponencial e estacionária, respetivamente.

T. thermophila foi cultivada em meio PPYE contendo 0,7 mM de H2O2 ou 1,8 mM de SNP. *T. thermophila* cultivada na ausência de factores de stress foi utilizada como controlo. Para comparações, foi utilizado o *teste t* de Student (* $p < 0,05$ e ** $p < 0,01$).

II. DETERMINAÇÃO DA SENSIBILIDADE DE *T. THERMOPHILA* AOS ÓLEOS ESSENCIAIS

Os 7 óleos essenciais naturais utilizados neste estudo, no seu estado puro, inibiram o crescimento de *T. thermophila* quando adicionados ao meio de cultura. Por conseguinte, foi efectuada uma série de diluições para determinar as concentrações inibitórias mínimas (CIM). [-5-6]A CIM foi obtida na diluição 10. No entanto, a partir da diluição 10, observou-se um crescimento normal de *T. thermophila*. [-9]Para estudos subsequentes sobre o efeito anti-stress dos óleos essenciais, foi escolhida a diluição 10. A monitorização da curva de crescimento de *T. thermophila* na presença de diferentes óleos essenciais nesta diluição não revelou qualquer efeito no crescimento ou na forma das células.

III. EFEITO ANTI-STRESS OXIDATIVO DOS ÓLEOS ESSENCIAIS

Os óleos essenciais testados (alfazema, gerânio, tomilho, alecrim, cipreste, zimbro e cravinho) não apresentaram alterações significativas ($p < 0,05$) no crescimento na fase latente em comparação com o controlo (*T. thermophila* tratada com H2O2). Em contraste com a fase de latência, foram observadas alterações significativas na fase exponencial. O número de células de *T. thermophila* tratadas com H2O2 foi significativamente maior ($p < 0,01$) quando as culturas foram suplementadas com óleos essenciais de cipreste ou zimbro (Figura 22). Do mesmo modo, os óleos essenciais de tomilho e alecrim aumentaram significativamente ($p < 0,05$) o número de células na fase exponencial, ao passo que não foi observada qualquer alteração significativa quando os óleos essenciais de alfazema, gerânio ou cravinho foram adicionados a culturas tratadas com H2O2. O número de células em fase estacionária aumentou significativamente ($p < 0,01$) na presença de óleos essenciais de cipreste ou zimbro em comparação com o controlo. Da mesma forma, o óleo essencial de alecrim aumentou significativamente (p < 0,05) o número de células na fase estacionária. Tal como na fase exponencial, não foram observadas alterações significativas na fase estacionária na presença dos óleos essenciais de alfazema, gerânio ou cravinho. No entanto, o óleo essencial de tomilho não afectou significativamente o crescimento na fase estacionária (Figura 22).

IV. EFEITO ANTI-STRESS NITROSATIVO DOS ÓLEOS ESSENCIAIS

A ação dos óleos essenciais naturais utilizados neste estudo em *T. thermophila* tratada com SNP é apresentada na Figura 23. Como se pode ver, não foi observada qualquer alteração significativa (p < 0,05) no número de células na fase latente para os diferentes óleos essenciais utilizados em comparação com o controlo sem óleos essenciais. Contudo, os óleos essenciais de cipreste, alecrim, cravinho e zimbro, adicionados a culturas de *T. thermophila* tratadas com SNP, aumentaram significativamente (p < 0,05) o número de células na fase de crescimento exponencial em comparação com o controlo, enquanto os óleos essenciais de alfazema, gerânio e tomilho não foram suficientemente eficazes contra o stress nitrosativo. A fase estacionária não se alterou significativamente para os diferentes óleos essenciais.

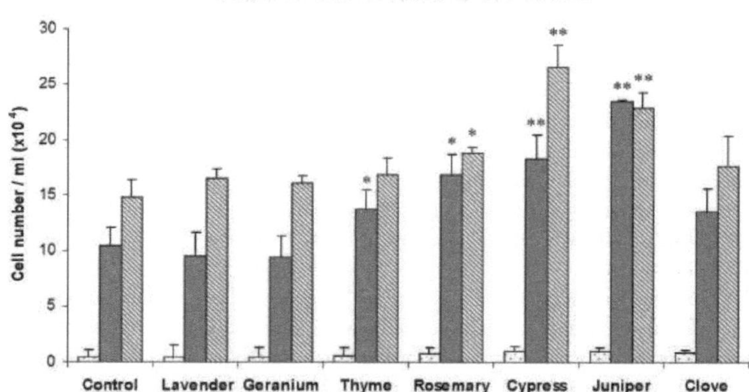

Figura 22. Efeito protetor dos óleos essenciais de alfazema, gerânio, tomilho, alecrim, cipreste, zimbro e cravinho contra o stress oxidativo causado por 0,7 mM de H2O2 no crescimento de *T. thermophila*.

O número de células a ëlë dëtermmë após 24, 72 e 140 h de crescimento a 32°C, correspondendo às fases latente, exponencial e estacionária, respetivamente. Para as comparações, o *teste t* de Student tem ëlë ШШ3ë (* p < 0,05 e ** p < 0,01).

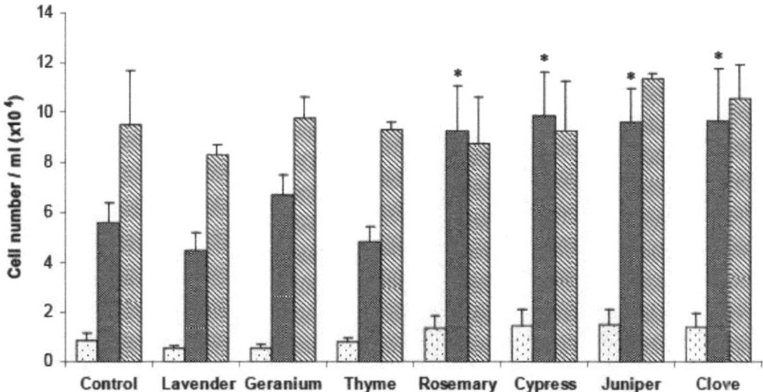

Figura 23. Efeito protetor dos óleos essenciais de lavanda, gerânio, tomilho, alecrim, cipreste, zimbro e cravinho contra o stress nitrosativo criado por 1,8 mM de SNP no crescimento de *T. thermophila*.

O número de células a ёlё dёterminё após 24, 72 e 140 h de crescimento a 32°C, correspondendo às fases latente, exponencial e estacionária, respetivamente. Para as comparações, o *teste t* de Student tem ёlё ШШзё (* p < 0,05 e ** p < 0,01).

V. EFEITO SINÉRGICO DOS ÓLEOS ESSENCIAIS

Com o objetivo de estudar se a тёlапде dos óleos essenciais pode influenciar a sua capacidade de inibir a ação dos agentes causadores de stress, foram ёlё escolhiсos os óleos essenciais de lavanda, gёranium e tomilho. Estes óleos essenciais utilizados sёpгrёment não tinham mostrado qualquer efeito interessante contra os dois tipos de stress (oxidativo e nitrosativo).

V .1. Stress oxidativo

A adição de dois óleos essenciais a culturas de *T. thermophila* tratadas com H2O2 não mostrou alterações significativas (p < 0,05) na fase lag, enquanto na fase exponencial, o número de células aumentou significativamente (p < 0,01) com as diferentes misturas de óleos essenciais. Assim, a mistura de óleos essenciais de lavanda e tomilho aumentou significativamente (p < 0,01) o número de células nas fases exponencial e estacionária (Figura 24). No entanto, foi observado um aumento significativo (p < 0,01) no número de células na fase exponencial quando os óleos essenciais de tomilho e gerânio foram misturados. No entanto, não foram observadas alterações significativas na fase estacionária (Figura 24). A mistura dos óleos essenciais de lavanda e gerânio aumentou significativamente (p < 0,01) o número de células na fase exponencial, sem alterações na fase estacionária.

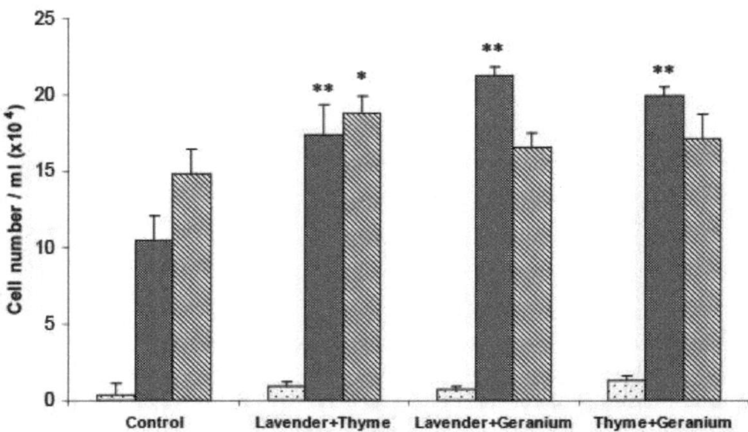

Figura 24. Efeito sinérgico de 3 óleos essenciais (lavanda, gerânio e tomilho) contra o efeito do stress oxidativo no crescimento de *T. thermophila*.
Em cada experiência, foram adicionados 2 óleos essenciais ao meio de cultura contendo 0,7 mM de H_2O_2. O número de células foi determinado após 24, 72 e 140 h de crescimento a 32°C, correspondendo às fases latente, exponencial e estacionária, respetivamente. Para comparações, foi utilizado o *teste t* de Student (* $p < 0,05$ e ** $p < 0,01$).

VI 2. Sobre o stress nitrosativo
Sob estresse nitrosativo, o efeito sinérgico de 2 mëlangëes de óleos essenciais mostrou um атёНогайоп na fase exponencial de crescimento sem alteração na fase lag e na fase estacionária em comparação com a tëmoína (*T. thermophila* tra^e por SNP) (Figura 25). De fato, as mëlanges de óleos essenciais de lavanda e tomilho, tomilho e gëranium, e lavanda e gëranium aumentaram significativamente ($p < 0,05$) o número de células na fase exponencial, enquanto nenhum aumento significativo ($p < 0,05$) no número de células foi ёlё observado nas fases lag e estacionária.

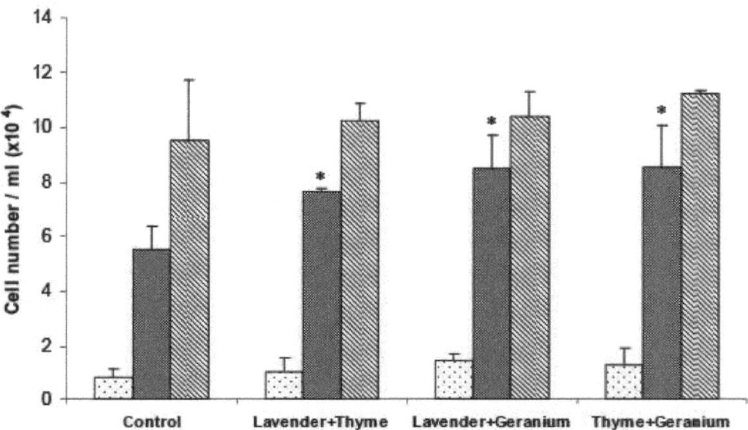

Figura 25. Efeito sinérgico de 3 óleos essenciais (lavanda, gerânio e tomilho) contra o efeito do stress nitrosativo no crescimento de T. thermophila.

Em cada expëriência, 2 óleos essenciais foram ëlë addedëes ao meio de cultura contendo 1,8 mM de SNP. O número de células ëlë dëterminë após 24, 72 e 140 h de crescimento a 32°C, correspondendo às fases latente, exponencial e estacionária, respetivamente. Para as comparações, o *teste t* de Student tem ëlë utilisë (* p < 0,05 e ** p < 0,01).

VII DISCUSSÃO

Em condições normais, *a T. thermophila* tem uma curva de crescimento típica com uma fase de atraso, uma fase exponencial e uma fase estacionária. Esta curva de crescimento é perturbada em condições de stress. Os resultados aqui apresentados indicam que o PH2O2 e o SNP afectam significativamente a curva de crescimento de *T. thermophila*. Tal como no caso de *Tetrahymena pyriformis* (Fourrat et al., 2007b), os dois agentes de stress (H2O2 e SNP) complementaram-se na inibição do crescimento de *T. thermophila* (Figura 20). Este facto pode ser explicado por uma perturbação do equilíbrio entre a geração e a eliminação de ROS, que pode ter consequências para a sobrevivência celular. O stress oxidativo provocou uma diminuição significativa do número de células nas duas primeiras fases de crescimento (Figura 21). De facto, foi observada uma forte toxicidade durante a fase latente, seguida da fase exponencial. No entanto, não foi observada qualquer alteração significativa do número de células na fase estacionária. Foram registados resultados semelhantes para *Yarrowia lipolytica* (Biriukova et al., 2006). Além disso, Lee et al (2000) mostraram que ГH2O2 em concentrações sub-letais induziu a paragem do crescimento em fibroblastos de pulmão humano. Da mesma forma, o stress nitrosativo levou a uma redução no número de células nas fases latente, exponencial e estacionária (Figura 21). O efeito tóxico do stress nitrosativo já foi relatado em leveduras por Sahoo et al (2003), que observaram uma inibição significativa do crescimento em *Rhodotorula mucilginosa* e *Saccharomyces cerevisiae* na presença de S-nitrosoglutationa, um composto doador de NO.

Os óleos essenciais naturais têm sido utilizados para combater os efeitos tóxicos dos factores de stress e são amplamente utilizados e conhecidos pelas suas propriedades terapêuticas. São utilizados em aromaterapia, cosméticos, para aromatizar alimentos e bebidas, e também como medicamentos para estimulação cerebral, sedação ansiolítica e como antidepressivos (Buchbauer e Jirovetz, 1994). Devido à sua natureza concentrada, a utilização de óleos essenciais como agentes anti-stress naturais requer o estabelecimento de condições óptimas, tais como a sensibilidade dos protozoários e concentrações óptimas. De facto, estudos anteriores relataram o efeito anti-protozoário dos óleos essenciais (Mojica et *al.*, 2004). Este trabalho está de acordo com os nossos resultados, que mostraram a inibição do crescimento de *T. thermophila* na presença dos vários óleos essenciais utilizados no seu estado puro. $^{-9}$No entanto, os óleos essenciais testados na dose não letal de 10 não afectaram a viabilidade ou a morfologia das células de *T. thermophila* quando observadas ao microscópio.

Os óleos essenciais têm sido amplamente estudados pelas suas actividades antimicrobiana, inseticida, antifúngica, antibacteriana e citotóxica (Faleiro et *al.*, 1999). O objetivo do nosso trabalho foi estudar o potencial protetor dos óleos essenciais naturais para minimizar os efeitos do stress oxidativo e nitrosativo em *T. thermophila*. Os diferentes óleos essenciais testados actuam de forma diferente em relação ao stress. A sua ação varia em função da natureza das plantas de que provêm e do tipo de stress a que a célula está sujeita (oxidativo ou nitrosativo). Ao longo deste estudo, os diferentes óleos essenciais não mostraram qualquer efeito anti-oxidativo ou anti-nitrosativo durante a fase latente. No entanto, foram observados resultados interessantes em termos de um aumento significativo do número de células durante a fase exponencial. De facto, os óleos essenciais de cipreste e zimbro mostraram um forte efeito anti-H2O2 aumentando significativamente o número de células, enquanto o tomilho e o alecrim mostraram um efeito protetor moderado (Figura 22). Foram observados resultados semelhantes em *T. thermophila* tratada com SNP, com exceção do tomilho, que não apresentou alterações significativas (Figura 23). A diferença observada na resposta das células de *T. thermophila* aos óleos essenciais, dependendo da sua fase de crescimento, pode ser explicada pelo seu estado fisiológico, que pode afetar as suas respostas adaptativas às condições ambientais.

Por outro lado, é potencialmente interessante correlacionar o comportamento anti-stress dos óleos essenciais com a sua composição e a natureza química dos seus constituintes. Assim, como mostram as Figuras 22 e 23, o efeito anti-stress mais ёкуё dos óleos essenciais de cipreste e genevner pode ser atribuído aos seus principais constituintes, que são o 6-3-careno e o a-pineno, respetivamente. De facto, estes composёs parecem apresentar uma analogia estrutural em comparação com os outros composёs principais dos óleos essenciais utilizados (Tabela 9). Estes óleos essenciais têm uma composição diferente, e é, no entanto, difícil atribuir o efeito anti-stress a um composto. Foi observado que os óleos essenciais apresentam uma especificidade na amplitude, mas não no modo de ação do efeito biológico (Bakkali et *al.*, 2005; 2006). Os óleos essenciais de lavanda, gerânio e cravinho não protegem as células de *T. thermophila* contra o stress oxidativo induzido por H2O2. Por outro lado, o óleo essencial de cravinho foi significativamente eficaz contra o stress nitrosativo durante a fase exponencial. Na fase estacionária, não foi demonstrado qualquer efeito protetor contra as células tratadas com SNP, embora os óleos essenciais de cipreste, zimbro e alecrim tenham aumentado significativamente o número de células sob stress oxidativo.

De acordo com os nossos resultados, nenhum dos 3 óleos essenciais de lavanda, gerânio e tomilho foi capaz de reduzir os dois tipos de stress quando utilizados separadamente. Por isso, quisemos avaliar o efeito sinérgico dos óleos essenciais como agente anti-stress. Há muito pouca informação sobre o efeito sinérgico dos óleos essenciais como agentes anti-stress.

Assim, a mistura de 2 óleos essenciais adicionada ao meio de cultura de *T. thermophila* tratada com H2O2 ou SNP não afecta ou protege as células durante a fase latente contra o stress oxidativo e nitrosativo. Embora na fase de crescimento exponencial, os 3 óleos essenciais apresentaram um aumento altamente significativo no número de células em comparação com as células tratadas com H2O2, quando misturados (Figura 24). Por outro lado, estas misturas de óleos essenciais (alfazema-timão, alfazema-gerânio e tomilho-gerânio) melhoraram o crescimento das células de *T. thermophila* tratadas com SNP (Figura 25). A interação sinérgica não parece ser selectiva para o tipo de stress e afecta tanto o stress oxidativo como o nitrosativo. Parece que o efeito anti-stress dos óleos essenciais pode ser atribuído à interação sinérgica dos compostos que compõem os óleos e não à utilização do óleo essencial separadamente.

Uma vez que os óleos essenciais de alfazema, gerânio, tomilho, alecrim, cipreste, zimbro e cravinho são utilizados na medicina tradicional e na aromaterapia, os nossos resultados, juntamente com outros, podem ser úteis para considerar a utilização destes óleos essenciais como ingrediente alimentar funcional ou suplemento dietético para a prevenção do stress no futuro.

CONCLUSÃO

O stress de uma forma дёпёгак é consideradoёrё como um fator de risco para certas doenças de múltiplas origens. A ligação entre o stress e o aparecimento de certas doenças é ёtabli através da incapacidade do organismo para lidar e estabelecer dёdures de dёfence eficazes quando é sujeito a demasiadas agressões. A frequência com que um organismo é sujeito a stressores, e a sua intensidade, pode levar o organismo a exceder as suas capacidades de adaptação e, assim, colocá-lo em perigo.

O stress oxidativo é um conceito complexo e em rápida evolução. Não se trata de uma doença, mas de um mecanismo fisiopatológico. O termo stress oxidativo indica que o estado antioxidante das células é afetado pela exposição a oxidantes. Hoje em dia, reconhece-se que o stress oxidativo é responsável pela regulação redox que envolve espécies reactivas de oxigénio (ROS) e espécies reactivas de azoto (RNS). A compreensão dos mecanismos de ação das ROS/RNS e dos seus efeitos permite prever uma prevenção e/ou uma terapia anti-stress. Assim, vários estudos utilizando diversos modelos celulares tentaram elucidar o envolvimento das ROS/RNS no desenvolvimento de várias doenças. Consequentemente, foi formalmente provado que o stress oxidativo está implicado no desenvolvimento de várias doenças humanas, tais como certas doenças cardiovasculares e neurológicas, o cancro e as doenças causadas pela inflamação e pelo envelhecimento. Estes estudos, maioritariamente epidemiológicos, mostraram que a utilização de antioxidantes reduz o risco de certas doenças.

É neste contexto que se insere o nosso estudo, cuja origem reside inicialmente na escolha do microrganismo utilizado como modelo celular, que não é outro senão a *Tetrahymena thermophila*. Este protozoário eucariótico unicelular possui todos os sistemas encontrados numa célula humana, como o núcleo, as mitocôndrias, o citoesqueleto, os sistemas de resposta de sёcrёtion e de mensageiros químicos, razão pela qual foi escolhido como modelo alternativo às células animais, em particular às células de mamíferos. A conservação de numerosos mecanismos intracelulares em eucariotas permite estudar outro sistema celular de forma a lançar luz sobre a biologia das células humanas. Assim, no nosso trabalho, estacionamos em *T. thermophila* para ёvaluer os efeitos do stress oxidativo e também as respostas celulares a este stress que são universais em todos os eucariotas. No entanto, cada organismo tem o seu próprio "*estilo*" e os seus próprios "*segredos*" de adaptação. A segunda originalidade do nosso trabalho, que é uma idёe simultaneamente adequada e inovadora, é a de utilizar óleos essenciais naturais para remёde o stress oxidativo e nitrosativo a que está exposto o protozoário utilizado como modelo celular.

Os resultados apresentados neste estudo corroboram os resultados de outros estudos de investigação que confirmam os efeitos nefastos do stress oxidativo e nitrosativo, nomeadamente os causados pelo peróxido de hidrogénio e pelo óxido nítrico, nas células. Estes dois agentes de stress induzem perturbações importantes no crescimento, na morfologia e na fisiologia das células. Para melhor avaliar as perturbações metabólicas causadas por estes agentes, optámos por avaliar os seus efeitos numa enzima clё do metabolismo dos hidratos de carbono, a gliceraldeído-3- fosfato dёshydrogёnase (GAPDH). Assim e pela primeira vez, que seja do nosso conhecimento, esta enzima foi purificada e caractёrisёada em *T. thermophila* para ser utilizada como marcador metabólico. O nosso objetivo foi estudar os efeitos do stress oxidativo e nitrosativo sobre esta enzima, tanto *in vivo* como *in vitro*. Finalmente, a fim de remёdiar os efeitos neiásticos causados por este stress, pensamos em avaliar o potencial antioxidante de certos óleos essenciais, a fim de elucidar os efeitos da suplementação com estes óleos no perfil oxidativo.

Em termos práticos, podemos tirar as seguintes conclusões principais dos resultados obtidos:

- A sensibilidade de *T. thermophila* aos 2 agentes de stress (H2O2 e SNP) depende do tipo de stress e da concentração do agente de stress. As curvas de dose-resposta diferem de um agente de stress para outro.

- A análise morfológica das células de *T. thermophila* submetidas a stress rëyëк uma alteração nas suas formas. Esta alteração é muito mais pronunciada no caso do tratamento com SNP do que no caso do tratamento com H2O2.

- O SNP induziu uma maior resposta antioxidante enzimática do que o H2O2, tanto em termos de atividade da catalase como da SOD. Do mesmo modo, a peroxidação lipídica foi mais elevada no tratamento com SNP do que no tratamento com H2O2.

- A atividade específica da GAPDH, medida *in vivo*, diminuiu em ambos os casos de stress. Esta diminuição foi mais pronunciada no tratamento com SNP do que no tratamento com H2O2. No entanto, ambos os agentes de stress induziram a sobreexpressão da GAPDH.

- A purificação da GAPDH de *T. thermophila* por precipitação fraccionada com sulfato de amónio seguida de duas cromatografias em coluna (DEAE-celulose e Mono-S) permitiu-nos caraterizar pela primeira vez esta enzima neste protozoário.

- A caraterização bioquímica da GAPDH de *T. thermophila* revelou que se trata de uma proteína homotetramérica de 120 kDa, constituída por 4 subunidades idênticas e que apresenta uma forma isoenzimática com um *pI* de aproximadamente 8,8.

- A determinação dos parâmetros físico-químicos e cinéticos da GAPDH purificada forneceu informações sobre as condições óptimas para a sua atividade enzimática e a sua afinidade pelos seus dois substratos.

- A atividade da GAPDH é inibida por ambos os agentes de stress. A comparação dos IC50s determinados após a incubação *in vitro* da enzima purificada com o estressor em diferentes concentrações tem rëvëlë uma maior sensibilidade de GAPDH a ГH2O2 do que para SNP. A cinética de inibição também difere entre os stressores.

- Os dois agentes de stress (H2O2 e SNP) também influenciam o crescimento de *T. thermophila*, reduzindo o número de células durante as fases latente e exponencial. No entanto, não foi observada qualquer influência significativa durante a fase estacionária.

- O potencial antioxidante dos óleos essenciais não é visível durante a primeira fase de crescimento do protozoário (fase de latência). Durante esta fase, as células de *T. thermophila* adaptam-se às novas condições de cultura, sintetizando as enzimas necessárias.

- O efeito protetor dos óleos essenciais no crescimento de *T. thermophila* exposta ao stress oxidativo e nitrosativo só se torna realmente evidente a partir da fase exponencial do crescimento do protozoário. Este efeito parece ser influenciado pelo tipo de stress e pela natureza do óleo essencial utilizado.

- O efeito do stress oxidativo pode ser reduzido durante a fase exponencial através de óleos essenciais de tomilho, cipreste, zimbro e alecrim. A presença destes óleos no meio de cultura resultou num aumento acentuado do número de células de *T. thermophila*. Em contraste, os óleos essenciais de lavanda, gerânio e cravinho não mostraram qualquer efeito anti-stress oxidativo.

- O efeito do stress nitrosativo também pode ser atenuado na presença de óleos essenciais de cipreste, zimbro, alecrim e cravinho durante a fase de crescimento exponencial de *T. thermophila*. Em contrapartida, os óleos essenciais de lavanda, tomilho e gerânio não tiveram qualquer efeito protetor contra o stress nitrosativo durante esta mesma fase de crescimento.

- Durante a fase estacionária, os diferentes óleos essenciais utilizados não mostraram um efeito protetor contra o stress nitrosativo. No entanto, no caso do stress oxidativo, a adição de óleos essenciais de cipreste, zimbro ou alecrim melhorou o número de células. É potencialmente interessante correlacionar a composição dos óleos essenciais com o seu comportamento anti-stress. Estes óleos essenciais têm composições diferentes, o que torna difícil atribuir o efeito anti-stress a um composto específico.

- A utilização de óleos essenciais de lavanda, tomilho e gerânio separadamente não protege as células de *T. thermophila* contra os efeitos do stress oxidativo e do stress nitrosativo.

- A mistura destes óleos essenciais (alfazema, tomilho e gerânio) parece ter um efeito protetor contra ambos os tipos de stress durante a fase de crescimento exponencial. Isto pode ser atribuído às interacções sinérgicas dos óleos essenciais.

- A interação sinérgica não parece ser selectiva em relação ao tipo de stress. Afecta tanto o stress oxidativo como o nitrosativo.

Embora este estudo tenha produzido alguns resultados interessantes, abriu várias vias de investigação e deixou muitas questões por responder. O nosso trabalho sugere que existem muitas perspectivas experimentais para responder a estas questões.

De um modo geral, este trabalho será seguido de uma análise da composição em ácidos gordos das membranas de *T. thermophila* em resposta ao stress oxidativo e nitrosativo, a fim de determinar o nível de sensibilidade da célula.

Seria interessante efetuar um estudo sobre outras enzimas da via glicolítica, a fim de avaliar o impacto da inibição da GAPDH *in vivo* nesta via. Na mesma linha, o estudo de enzimas importantes no metabolismo celular ajudará a elucidar as consequências fisiológicas causadas pelo stress e, assim, a identificar proteínas de stress para compreender o mecanismo de defesa utilizado por *T. thermophila*.

Outra abordagem possível também seria interessante, que seria a realização de um estudo a nível molecular para obter informações sobre as gënes de resistência ao stress oxidativo e nitrosativo. Da mesma forma, o desenvolvimento da estrutura terciária da GAPDH seria desejável para compreender as interacções entre o agente de stress e a enzima.

Por outro lado e para melhor avaliar o poder anti-stress dos óleos essenciais, estudos semelhantes mais promissores visando outros marcadores biológicos, como a avaliação da peroxidação lipídica, enzimas antioxidantes e outras enzimas metabólicas serão realizados no nosso modële celular e/ou noutro modële.

Por último, estamos também a estudar a caraterização química dos óleos essenciais utilizados como produtos farmacêuticos, com vista a realizar estudos posteriores sobre a utilização de compostos isolados de óleos essenciais para a obtenção de compostos com propriedades anti-stress oxidativas ou nitrosativas. Estudos aprofundados sobre a farmacocinética e a farmacodinâmica dos princípios activos seriam igualmente úteis para determinar as doses preventivas e terapêuticas.

REFERÊNCIAS BIBLIOGRÁFICAS

Acharya, A., Das, I., Chandhok, D., Saha, T. (2010). Regulação redox no cancro: uma faca de dois gumes com potencial terapêutico. *Oxid. Med. Cell. Longev.* 3, 23-34.

Aebi, H. (1984). Catalase *in vivo. Methods Enzymol.* 105, 121-126.

Ahmad, Q.R., Nguyen, D.H., Wingerd, M.A., Church, G.M., Steffen, M.A. (2005). Avaliação do peso molecular de proteínas em perfis de proteoma total utilizando ID-PAGE e LC/MS/MS. *Proteome Science*, 3, 1-7.

Allen, K.G., Banthorpe, D.V., Charlwood, B.V., Voller, C.M. (1977). Biossíntese de Artemisia cetona em plantas superiores. *Phystochem.* 16, 79-83.

Allen, R.D. (1967). Estrutura fina, reconstrução e possíveis funções dos componentes do córtex de *Tetrahymena pyriformis. J. Protozool.* 14, 553-565.

Ames, B. N., Shigenaga, M. K., Hagen, T. M. (1993). Oxidantes, antioxidantes e as doenças degenerativas do envelhecimento. *Proc. Natl. Acad. Sci.* EUA. 90 (17), 7915-7922.

Anand, P., Stamler, J.S. (2012). Mecanismos enzimáticos que regulam a S-nitrosilação de proteínas: implicação na saúde e na doença. *J. Mol. Med.* 90(3), 233-244.

Atanda, O.O., Akpan, I., Oluwafemi, F. (2007). O potencial de alguns óleos essenciais de especiarias no controlo de A. Parasiticus CFR 223 e da produção de aflatoxinas. *Controlo Alimentar.* 18, 601-607.

Aufderheide, K.J. (1979). Associações mitocondriais com componentes microtubulares específicos do córtex de *Tetrahymena thermophila.* I. Padronização cortical das mitocôndrias. *J. Cell. Sci.* 39, 299-312.

Baek, D., Jin, Y., Jeong, J.C., Lee, H.Y., Moon, H., Lee, J., Shin, D. (2008). Supressão de espécies reactivas de oxigénio pela gliceraldeído-3-fosfato desidrogenase. *Phytochem.* 69, 333338.

Baibai, T., Oukhattar, L., Moutaouakkil, A., Soukri, A. (2007). Purificação e caraterização da gliceraldeído-3-fosfato desidrogenase da sardinha europeia *Sardina pilchardus. Ata Biochim. Biophys. Sin.* 39, 947-954.

Bakkali, F., Averbeck, S., Averbeck, D., Idaomar, M. (2007). Biological effects of essential oils- A review. *Food chem. toxicol.* 46, 446-475.

Bakkali, F., Averbeck, S., Averbeck, D., Zhiri, A., Baudoux, D., Idaomar, M. (2006). Efeitos antigenotóxicos de três óleos essenciais em levedura diploide (*Saccharomyces cerevisiae*) após tratamentos com radiação UVC, 8- MOP mais UVA e MMS. *Mutat. Res.* 605, 27-38.

Bakkali, F., Averbeck, S., Averbeck, D., Zhiri, A., Idaomar, M. (2005). Citotoxicidade e indução de genes por alguns óleos essenciais na levedura *Saccharomyces cerevisiae.* Mutat. Res. 585, 113.

Beckman, J.S. (1996). Dano oxidativo e nitração de tirosina por peroxinitrito. *Chem. Res. Toxicol.* 9, 836-844.

Beckman, J.S., Beckman, T.W., Chen, J., Marshall, P.A., Freeman, B.A. (1990). Apparent hydroxyl radical production by peroxynitrite: implications for endothelial injury from nitric oxide and superoxide. *Proc. Natl. Acad. Sci.* 87, 1620-1624.

Beckman, K.B., Ames, B.N. (1998). A teoria dos radicais livres do envelhecimento amadurece. *Physiol. Rev.* 78, 547-581.

Ben Saida, F.W. (2007). Les huiles essentielles et leur utilisation en usage tliératique. Memória de mestrado, Instituto Superior de Biotecnologia, Universidade de Monastir.

Berger, M.M. (2006). Manipulação nutricional do stress oxidativo: estado da arte. *Nutr. Clin.*

Metabol. 20, 48-53.

Berlette, B.S., Stadtman, E.R. (1997). Protein oxidation in aging disease, and oxidative stress. *J. Biol. Chem.* 272, 20313-20316.

Besson-Bard, A., Pugin, A., Wendehenne, D. (2008). Novos conhecimentos sobre a sinalização de óxidos em plantas. *Annu. Rev. Plant. Biol.* 59, 21-39.

Bielski, B.H.J., Arudi, R.L., Sutherland, M.W. (1983). ⁛ Um estudo da atividade de HO_2/O_2 com ácidos gordos insaturados. *J. Biol. Chem.* 258, 4759-4761.

Biriukova, E. N., Medentsev, A.G., Arinbasarova, A. Yu., Akimenko, V.K. (2006). Tolerância da levedura *Yarrowia lipolytica* ao stress oxidativo. *Microbiol.* 75, 293-298.

Bliss, C. I. (1935). O cálculo da curva de mortalidade por doseamento. *Ann. Appl. Biol.* 22, 134165.

Bonnefont-Rousselot, D., Therond, P., Delattre, J. (2003). Radicais livres e antioxidantes. In: Biochimie pathologique : aspects moleculaires et cellulaires. Delattre, J., Durant, G., Jardillier, J.C. Eds: Medecine-sciences. Flammarion (Paris), p. 59-81.

Boveris, A., Cadenas, E. (1975). Produção mitocondrial de aniões superóxido e sua relação com a respiração insensível à antimicina. *FEBS Lett.* 54, 311-314.

Boveris, A., Chance, B. (1973). A geração mitocondrial de peróxido de hidrogénio. Propriedades gerais e efeito do oxigénio hiperbárico. *Biochem. J.* 134, 707-716.

Boyd, D.A., Cvitkovitch, D.G., Hamilton, I.R. (1995). Sequência, expressão e função do gene para a gliceraldeído-3-fosfato desidrogenase não-fosforilante e dependente de NADP de *Streptococcus mutans*. *J. Bacteriol.* 177, 2622-2627.

Bradford, M. (1976). Um método rápido e sensível para a quantificação de quantidades de microgramas de proteínas utilizando o princípio da ligação de corantes proteicos. *Anal. Biochem.* 72, 248254.

Branny, P., De la Torre, F., Garel, J.R. (1998). Um operão que codifica três enzimas glicolíticas em *Lactobacillus delbrueckii subsp. bulgaricus*: gliceraldeído-3-fosfato desidrogenase, fosfoglicerato quinase e triosefosfato isomerase. *Microbiol.* 144, 905-914.

Breen, A.P., Murphy, J.A. (1995). Reacções de radicais oxilo com ADN. Free *Rad. Biol . Med.* 18 (6), 1033-1077.

Brinkmann, H., Cerff, R., Salomon, M., Soll, J. (1989). Clonagem e análise da sequência de cDNAs que codificam os precursores citosólicos das subunidades *GapA* e *GapB* da gliceraldeído-3-fosfato desidrogenase de cloroplasto de ervilha e espinafre. *Plant. Mol. Biol.* 13, 8194.

Briviba, K., Klotz, L.O., Sies, H. (1997). Toxic and signalling effects of photochemically or chemically generated singlet oxygen in biological systems (Efeitos tóxicos e de sinalização do oxigénio singlete gerado fotoquímica ou quimicamente em sistemas biológicos). *J. Biol. Chem.* 378, 1259-1265.

Bruneton, J. (1999). Farmacognosia. Fitoquímica das plantas medicinais. Técnica e Documentação Lavoisier. 2ª edição. Paris. 915.

Buchbauer, G., Jirovetz, L. (1994). Aromaterapia - Utilização de fragrâncias e óleos essenciais como medicamentos. *Flav. Frag. J.* 9, 217-222.

Bush, P. A., Gonzalez, N. E., Griscavage, J. M., Ignarro, L. J. (1992). A óxido nítrico sintase do cerebelo catalisa a formação de quantidades equimolares de óxido nítrico e citrulina a partir da L-arginina. *Biochem. Biophys. Res. Comm.* 185 (3), 960-966.

Cabiscol, E., Piulats, E., Echaves, P., Herrero, E., Ros, J. (2000). O stress oxidativo promove danos específicos nas proteínas em *Saccharomyces cerevisiae*. *J. Biol. Chem.* 275 (35),

27393-27398.

Cannon, W.B. (1932). The Wisdom of the Body (A Sabedoria do Corpo). W.W. Norton & company, Nova Iorque.

Cerff, R. (1982). Separação e purificação de gliceraldeído-3-fosfato desidrogenase ligada a NAD e NADP de plantas superiores. In: Methods in chloroplast molecular biology, pp 683-694. Edelman, M., Hallick, R.B. y Chua, N.-H. (ed) Elsevier Biomedical Press, Amsterdam.

Charpentier, B., Bardey, V., Robas, N., Banlant, C. (1998). A proteína EIIGlc está envolvida na ativação mediada pela glucose da transcrição de *Escherichia coli* gaper e gapB-pgk. *J. Bacteriol.* 180, 6476-6483.

Cheeseman, K. H., Slater, T. F. (1993). Uma introdução à bioquímica dos radicais livres. *Br. Med. Bull.* 49 (3), 588-603.

Circu, M.L., Aw, T.Y. (2010). Espécies reactivas de oxigénio, sistema redox celular e apoptose. *Free. Radic. Biol. Med.* 48, 749-762.

Clergeaud, C.L. (2000). Les huiles vëgëtales, huiles de santë et de beaute. Ed. Atlantica, Paris. 44-45.

Cohen, G., Hochstein, P. (1963). Glutationa peroxidase: o principal agente para a eliminação do peróxido de hidrogénio nos eritrócitos. *Biochem.* 2, 1420-1428.

Colussi, C., Albertini, M.C., Coppola, S., Rovidati, S., Galli, F., Ghibelli, L. (2000). Bloqueio da glicólise induzido por H_2O_2 como uma reação de ADP-ribosilação ativa que protege as células da apoptose. *FASEB J.* 14, 2266-2276.

Corliss, J.O. (1952). Systematic status of the pure culture ciliate known as "*Tetrahymena geleii*" and "Glaucoma piriformis". *Sci.* 116, 188-191.

Crane, B.R., Sudhamsu, J., Patel, B.A. (2010). Bacterial nitric oxide synthases. *Annu. Rev. Biochem.* 79, 445-470.

Cross, A. R., Jones, O. T. (1991). Mecanismos enzimáticos de produção de superóxido. *Biochim Biophys Ata.* 1057 (3), 281-298.

Davies, K.J. (2000). Oxidative stress, antioxidant defences, and damage removal, repair, and replacement systems (Stress oxidativo, defesas antioxidantes e sistemas de remoção, reparação e substituição de danos). *IUBMB Life.* 50, 279-289.

Deans, S.G., Ritchie, G. (1987). Propriedades antibacterianas de óleos essenciais de plantas. *Int. J. Food Microbiol.* 5, 165-180.

DeDuve, C., Baudhuin, P. (1966). Peroxissomas (micro-corpos e partículas relacionadas). *Physiol Rev.* 46, 323-357.

Delgado, M.L., O'Connor, J.E., Azorin, I., Renau-Piqueras, J., Gil, M.L., Gozalbo, D. (2001). Os polipéptidos de gliceraldeído-3-fosfato desidrogenase codificados pelos genes TDH1, TDH2 e TDH3 de *Saccharomyces cerevisiae* são também proteínas da parede celular. *Microbiol.* 147, 411417.

Densiov, E.T., Afanas'ev, I.B. (2005). In: Oxidation and antioxidants in organic chemistry and biology (Oxidação e antioxidantes em química orgânica e biologia). Eds: Taylor & Francis group (U.S.A), Pp 703-861.

Dias, J., Sanchez, M.J., Navarro, A. (1998). Peroxidacion lipidica en neonatologia. *Pediatrika.* 8 (6), 221-232.

Dias, N., Mortara, R. A., Lima, N. (2003). Alterações morfológicas e fisiológicas em *Tetrahymena pyriformis* para a avaliação da citotoxicidade *in vitro* do Triton X-100. *Toxicol. In vitro.* 17, 357-366.

Dimmeler, S., Lottspeich, F., Brune, B. (1992). O óxido nítrico causa ADP-ribosilação e inibição da gliceraldeído-3-fosfato desidrogenase. *J. Biol. Chem.* 267 (24), 1677116774.

Dowling, D.K., Simmons, L.W. (2009). Espécies reativas de oxigênio como restrições universais na evolução da história de vida. *Proc. Biol. Sci.* 276, 1737-1745.

Edreva, A. (2005). Geração e eliminação de espécies reactivas de oxigénio nos cloroplastos: uma abordagem submolecular. Agric. *Ecosyst. Environ.* 106, 119-133.

Eikmanns, B.J. (1992). Identificação, análise da sequência e expressão de um grupo de genes de *Corynebacterium glutamicum* que codifica as três enzimas glicolíticas gliceraldeído-3-fosfato desidrogenase, 3-fosfoglicerato quinase e triosefosfato isomerase. *J. Bacteriol.* 174, 6076-6086.

Elliott, A.M., Gruchy, D.F. (1952). A ocorrência de tipos de acasalamento em *Tetrahymena.* Biol. Bull (Woods, Hole, Mass). 103, 301.

Errafiy, N., Soukri, A. (2012). Purificação e caraterização parcial da gliceraldeído-3-fosfato desidrogenase do ciliado *Tetrahymena thermophila. Ata. Biochim. Biophys.* Sin. 44, 527-534.

Evans, W.J. (2000). Vitamina E, vitamina C e exercício físico. *Am. J. Clin. Nutr.* 72, 647S-652S.

Faleiro, L., Miguel, G.M., Guerrero, C.A.C., Brito, J.M.C. (1999). Atividade antimicrobiana dos óleos essenciais de *Rosmarinus officinalis* L., *Thymus mastichina* (L) L. ssp. mastichina e *Thymus albicans*. In: Actas do II Congresso WOCMAP sobre plantas medicinais e aromáticas, parte 2: farmacognosia, farmacologia, fitomedicina, toxicologia.

Faure-Fremiet, E., Gauchery, M., Rouiller, C. (1956). Origem ciliar de fibras escleroproteicas pedunculadas em peritricha ciliada; estudo de microscopia eletrónica. *Exp. Cell. Res.* 11, 527541.

Favier, A. (2003). Oxidative stress. Interet conceptuel et expërimental dans la comprehension des mecanismes des maladies et potentiel therapeutique. *Atual chim.* N° 269270, 108-115.

Fermani, S., Sparla, F., Falini, G., Martelli, P.L., Casadio, R., Pupillo, P., Ripamonti, A., Trost, P. (2007). Mecanismo molecular de regulação da tioredoxina na A2B2- gliceraldeído-3-fosfato desidrogenase fotossintética. *Proc. Natl. Acad. Sci.* 104 (26), 11109-11114.

Figge, R.M., Schubert, M., Brinkman, H., Cerff, R. (1999). Glyceraldehyde-3-phosphate dehydrogenase gene diversity in eubacteria an eukaryotes: Evidence for intra- and interkingdom gene transfer. *Mol. Biol. Evol.* 16, 440-429.

Fillinger, S., Boschi-Muller, S., Azza, S., Dervyn, E., Branlant, G. (2000). Duas gliceraldeídos-3-fosfato desidrogenases com papéis fisiológicos opostos numa bactéria não fotossintética. *J. Biol. Chem.* 275, 14031-14037.

Finaud, J., Lac, G., Filaire, E. (2006). Stress oxidativo: relação com o exercício e o treino. *Sports Med.* 36, 327-358.

Florini, J.R., Vestling, C.S. (1957). Determinação gráfica das constantes de dissociação para sistemas enzimáticos de dois substratos. *Biochim. Biophys. Ata.* 25, 575-578.

Foote, Ch.S. (1982). Luz, oxigénio e toxicidade. In: Pathology of oxygen. Anne, P (eds). Academia Press. Londres. 21-44.

Forthergill-Gilmore, L.A., Michels, P.A.M. (1993). Evolução da glicólise. *Prog. Biophys. Mol. Biol.* 59, 105-235.

Foster, M.W., Hess, D.T., Stamler, J.S. (2009). S-nitrosilação de proteínas na saúde e na doença: uma perspetiva atual. *Trends Mol. Med.* 15 (9), 391-404.

Fourrat, L., Iddar, A., Soukri, A. (2007a). Purificação e caraterização de uma gliceraldeído-3-fosfato desidrogenase citosólica do camelo dromedário. Ata Biochim, Biophys, Sin, 39 (2), 148-154.

Fourrat, L., Iddar, A., Valverde, F., Serrano, A., Soukri, A. (2007b). Effects of oxidative and nitrosative stress on *Tetrahymena pyriformis* glyceraldehyde-3-phosphate dehydrogenase. *J. Eukaryot. Microbiol.* 54 (4), 338-346.

Franchomme, P., Pënoël, D. (1990). I .'aromatherapie exactement. Encyclopëdie de l'utilisation therapeutique des huiles essentielles. Roger Jallois editeur. Limoges. 445.

Franke, W.W., Eckert, W.A., Krien, S. (1971). Diferenciação de citomembranas num ciliado, *Tetrahymena pyriformis*. I. Retículo endoplasmático e equivalentes de dictiossoma. *Z. Zellforsch. Mikrosk. Anat.* 119, 577-604.

Frei, B. (1994). Espécies reactivas de oxigénio e vitaminas antioxidantes: Mecanismos de ação. *Am. J. Med.* 97 (3A), 5S-13S.

Fridovich, I. (1986). Radicais de oxigénio, peróxido de hidrogénio e toxicidade do oxigénio. Radicais livres e biologia. Pryor, W. A. Nova Iorque, Academic Press. 1, 239-246.

Fridovich, I. (1997). Radical anião superóxido, superóxido dismutases e assuntos relacionados. *J. Biol. Chem.* 272 (30), 18515-18517.

Furgason, W.H. (1940). O padrão citostomal significativo do "grupo Glaucoma-Colpidium" e uma proposta de novo género e espécie, *Tetrahymena gelei. Arch. Protistenkd.* 94, 224266.

Gavin, R.H. (1965). Os efeitos do calor e do frio no desenvolvimento celular em *Tetrahymena pyriformis* WH-6. *J. Protozool.* 12, 307-318.

Gerber, M., Boutron-Ruault, M. C., Hercberg, S., Riboli, E., Scalbert, A., Siess, M. H. (2002). Food and cancer: state of the art about the protective effect of fruits and vegetables. Bull. *Cancro.* 89, 293-312.

Giugliano, D., Ceriello, A., Paolisso, G. (1996). Stress oxidativo e complicações vasculares diabéticas. *Diabetes Care* 19 (3), 257-267.

Glaser, P.E., Gross, R.W. (1995). Fusão rápida selectiva de plasmeniletanolamina de bicamadas de membrana catalisada por uma isoforma de gliceraldeído-3-fosfato desidrogenase: discriminação entre papéis glicolíticos e fusogénicos de isoformas individuais. *Biochem.* 34 (38), 12193-12203.

Grant, C.M., Quinn, K.A., Dawes, I.W. (1999). A tiolação diferencial da proteína S das isoenzimas da gliceraldeído-3-fosfato desidrogenase influencia a sensibilidade ao stress oxidativo. *Mol. Cell. Biol.* 19 (4), 2650-2656.

Griendling, K.K., Sorescu, D., Ushio-Fukai, M. (2000). NAD(P)H oxidase: papel na biologia e doença cardiovascular. *Circ Res.* 86 (5), 494-501.

Grisson, F.C., Kahn, J.S. (1975). Gliceraldeído-3-fosfato desidrogenase de *Euglena gracilis*. Purificação e caraterização física e química. *Arch. Biochem. Biophys.* 171, 444-458.

Guenther, E. (1972). The Essential Oils. Robert E. Krieger Publishing Company; Inc, Huntington, Nova Iorque. vol l.

Gutteridge, J.M., Halliwell, B. (2000). Radicais livres e antioxidantes no ano 2000. Um olhar histórico para o futuro. *Ann. NY Acad. Sci.* 899, 136-147.

Habenicht, A. (1997). The non-phosphorylating glyceraldehyde-3-phosphate dehydrogenase: biochemistry, structure, occurrence and evolution. *Biol. Chem.* 378, 1413-1419.

Hafid, N., Valverde, F., Villalobo, E., Elkebbaj, M.S., Torres, A., Soukri, A., Serrano, A. (1998). Glyceraldehyde-3-phosphate dehydrogenase from *Tetrahymena pyriformis*: enzyme purification and characterization of a *gap C* gene with primitive eukaryotic features. *Comp. Biochem. and Physiol. B.* 119, 493-503.

Halliwell, B. (1992). Espécies reactivas de oxigénio e o sistema nervoso central. *J. Neurochem.* 59 (5), 1609-1623.

Halliwell, B. (1996). Antioxidants in human health and disease (Antioxidantes na saúde e na doença humana). *Annu. Rev. Nutr.* 16, 33-50.

Halliwell, B., Chirico, S. (1993). Lipid peroxidation: its mechanism, measurement and significance. *Am. J. Clin. Nutr.* 57, 715-722.

Halliwell, B., Gutteridge, J.M.C. (1999). Radicais livres em biologia e medicina. 3ed. Oxford, Nova Iorque: Oxford Science Publications. Oxford University Press. p. 936.

Halliwell, B., Whiteman, M. (2004). Medição das espécies reactivas e dos danos oxidativos in vivo e em cultura de células: como se deve fazer e o que significam os resultados? *Br. J. Pharmacol.* 142, 31-32.

Hanafy, K.A., Krumenacker, J.S., Murad, F. (2001). NO, nitrotirosina e GMP cíclico na transdução de sinais. *Med. Sci. Monit.* 7, 801-819.

Hara, M.R., Agrawal, N., Kim, S.F., Cascio, M.B., Fujimuro, M., Ozeki, Y., Takahashi, M., Cheah, J.H., Tankou, S.K., Hester, L.D., Hayward, S.D., Snyder, S.H., Sawa, A. (2005). A GAPDH nitrosilada em S inicia a morte celular apoptótica por translocação nuclear após a ligação de Siah1. *Nat. Cell. Biol.* 7 (7), 665-674.

Harman, D. (1956). Envelhecimento: uma teoria baseada na química dos radicais livres e da radiação. *J. Gerontol.* 11, 298-300.

Harman, D. (1981). O processo de envelhecimento. *Proc. Narl. Acad. Sci.* EUA. 78, 7124-7128.

Harris, J.I., Waters, M. (1976). [rd]The enzymes, 3 Ed., editado por P. D. Boyer, cap. 13. Nova Iorque: Academic press.

Hess, D.T., Matsumoto, A., Kim, S.O., Marshall, H.E., Stamler, J.S. (2005). Protein S-nitrosylation: Purview and parameters. *Nat. Rev. Mol. Cell. Biol.* 6, 150-166.

Hoffmann, J., Dimmeler, S., Haendeler, J. (2003). A tensão de cisalhamento aumenta a quantidade de moléculas S-nitrosiladas nas células endoteliais: papel importante na transdução de sinais. *FEBS Lett.* 551, 153-158.

Holz, G.G.Jr. (1973). The nutrition of *Tetrahymena thermophila*: Essential nutrients, feeding, and digestion. In: Biology of Tetrahymena (A.M. Elliott, ed.). Dowden, Hutchinson & Ross. Stroudsburg. Pa. Pp. 89-98.

Hood, W., Carr, N.G. (1969). Associação de NAD e NADP ligada à gliceraldeído-3-fosfato desidrogenase na alga azul-verde, *Anabaena variabilis*. *Planta*. 86, 250-258.

Iglesias, A., Losada, M. (1988). Purificação e propriedades cinéticas e estruturais da gliceraldeído-3-fosfato desidrogenase não-fosforilante dependente de NADP em folhas de espinafre. *Arch. Biochem. Biophys.* 260, 830-840.

Iglesias, A., Serrano, A., Guerrero, M.G., Losada, M. (1987). Purificação e propriedades da gliceraldeído-3-fosfato desidrogenase não-fosforilante dependente de NADP da alga verde *Chlamydomonas reinhardtii*. *Biochim. Biophys. Ata* 925, 1-10.

Inal, M.E., Kanbak, G., Sunal, E. (2001). Actividades das enzimas antioxidantes e níveis de malondialdeído relacionados com o envelhecimento. *Clin. Chim. Ata.* 305 (1-2), 75-80.

Ishii, T., Sunami, O., Nakajima, H., Nishio, H., Takeuchi, T., Hata, F. (1999). Papel crítico da formação de ácido sulfénico de tióis na inativação da gliceraldeído-3-fosfato desidrogenase pelo óxido nítrico. *Biochem. Pharmacol.* 58 (1), 133-43.

Jaeckel-Williams, R. (1978). Divisões nucleares com número reduzido de microtúbulos em *Tetrahymena*. *J. Cell. Sci.* 34, 303-319.

Ji, L.L., Mitchell, E.W. (1992). Glutationa e enzimas antioxidantes no músculo esquelético: efeitos do tipo de fibra e intensidade do exercício. *J. Appl. Physiol.* 73, 1854-1859.

Jung, T., Bader, N., Grune, T. (2007). Proteínas oxidadas: distribuição intracelular e reconhecimento pelo proteassoma. *Arch. Biochem. Biophys.* 462, 231-237.

Kaczanowska, J., Buzanska, L., Ostrowski, M. (1993). Relação entre o padrão espacial dos corpos basais e o esqueleto da membrana (epiplasma) durante o ciclo celular de *Tetrahymena*: mutante cdaA e imunomarcação anti-membrana. *J. Eukryot. Microbiol.* 40, 747-754.

Kaneko, T., Sato, S., Kotani, H., Tanaka, A., Asamizu, E., Nakamura, Y., Miyajima, N., Hirosawa, M., Sugiura, M., Sasamoto, S., Kimura, T., Hosouchi, T., Matsuno, A., Muraki, A., Nakazaki, N., Naruo, K., Okunura, S., Shimpo, S., Takeuchi, C., Wada, T., Watanabe, A., Yamada, M., Yasuda, M. e Tabata, S. (1996). Análise das sequências do genoma da cianobactéria unicelular *Synechocystis* sp. estirpe PCC 6803. II. Determinação da sequência de todo o genoma e atribuição de potenciais regiões codificadoras de proteínas. *DNA Res.* 3, 109-136.

Kiy, T., Tiedtke, A. (1992). Cultivo em massa de *Tetrahymena thermophila* produzindo altas densidades celulares e tempos de geração curtos. *Appl. Microbiol. Biotechnol.* 37, 576-579.

Koch, C., Reichling, J., Schneele, J., Schnitzler, P. (2008). Efeito inibitório de óleos essenciais contra o vírus herpes simplex tipo 2. *Phytomedicine.* 15, 71-78.

Koechlin-ramonatxo, C. (2006). Oxigénio, stress oxidativo e suplementação antioxidante, ou um outro caminho para a nutrição nas doenças respiratórias. *Nutr. Clin. Metabol.* 20, 165-177.

Kohen, R., Nyska, A. (2002). Oxidação de sistemas biológicos: fenómenos de stress oxidativo, antioxidantes, reacções redox e métodos para a sua quantificação. *Toxicol. Pathol.* 30, 620650.

Komanec, J., Lempel'ova, A., Novakova, R., Rezuchova, B., Homerova, D. (1997). A expressão do gene da gliceraldeído-3-fosfato desidrogenase (gap) de *Streptomyces aureofaciens* é regulada pelo desenvolvimento e induzida pela glucose. *Microbiol.* 143, 3555-3561.

Korycka-Dahi, M., Richardson, T. (1981). Iniciação das alterações oxidativas nos alimentos. Simpósio: alterações oxidativas no leite. *J. Diary Sci.* 63 (7), 1181-1208.

Kosar, M., Ozek, T., Coger, F., Kurkcuoglu, M., Husnu Can, K. (2005). Comparação dos métodos de hidrodestilação assistida por micro-ondas e de hidrodestilação para a análise de metabolitos secundários voláteis. *Pharm. Biol.* 6, 491-495.

Kots, A.Y., Skurat, A.V., Sergienko, E.A., Bulargina, T.V., Severin, E.S. (1992). O nitroprussiato estimula a mono (ADP-ribosilação) específica da cisteína da gliceraldeído-3-fosfato desidrogenase dos eritrócitos humanos. *FEBS Lett.* 300 (1), 9-12.

Kunst, F., Ogasawara, N. Moszer, I. et *al.* (1997). A sequência completa do genoma da bactéria gram-positiva *Bacillus subtilis*. *Nature.* 390, 249-256.

Kurz, S., Tiedtke, A. (1993). O aparelho de Golgi de *Tetrahymena thermophila*. *J. Eukaryot. Microbiol.* 40, 10-13.

Laemmli UK (1970). Clivagem de proteínas estruturais durante a montagem da cabeça do bacteriófago T4. *Nature.* 227, 680-685.

Lansing, T.J., Frankel, J., Jenkins, L.M. (1985). Ultra-estrutura oral e desenvolvimento oral no mutante de membrana ondulante desalinhada de *Tetrahymena thermophila*. *J. Protozool.* 31, 126-139.

Lee, H.C., Yin, P.H., Lu, C.Y., Chi, C.W., Wei, Y.H. (2000) Aumento das mitocôndrias e do ADN mitocondrial em resposta ao stress oxidativo em células humanas. *Biochem. J.* 348, 425-432. Lehucher-Michel, M.P., Lesgards, J.F., Delubac, O., Stocker, P., Durand, P., Prost, M. (2001). Stress oxidante e patologias humanas. *Lapresse medicale.* 30, 1076-1081.

Li, A.D., Anderson, L.E. (1997). Expressão e caraterização da gliceraldeído-3-fosfato desidrogenase cloroplástica de ervilha composta apenas pela subunidade B. *Plant Physiol.* 115, 1201-1209.

Li, A.D., Stevens, F.J., Huppe, H.C., Kersanach, R., Anderson, L.E. (1997). *Chlamydomonas reinhardtii* NADP-linked glyceraldehydes-3-phosphate dehydrogenase contém os resíduos de cisteína identificados como potencialmente bloqueadores de domínio na enzima de plantas superiores e é activada pela luz. *Photosynth. Res.* 51, 167-177.

Li, W.G., Miller, F.J.Jr., Zhang, H.J., Spitz, D.R., Oberley, L.W., Weintraub, N.L. (2001). ¨A produção de O_2 induzida por H_2O_2 por uma NAD(P)H oxidase não fagocítica causa lesão oxidante. *J. Biol. Chem.* 276 (31), 29251-29256.

Lineweaver M e Burk D. (1934). A determinação das constantes de dissociação enzimática. *J. Am. Chem. Soc.* 56, 658-666.

Loomis, D., e Croteau, R. (1980). *Biochemistry* of Terpenoids: A Comprehensive Treatise. In: P. K. Stumpf e E. E. Conn (eds.) the Biochemistry of Plants. Lipids: Structure and Function. Academic Press, São Francisco. 4, 364-410.

Lucchesi, M.E., Smadja, J., Bradshaw, S., Louw, W., Chemat, F. (2007). Extração por micro-ondas sem solventes de *Elletaria cardamomum* L: Um estudo multivariado de uma nova técnica para a extração de óleo essencial. *J. Food Engineer.* 79,1079-1086.

Machado, M., Dinis, A.M., Salgueiro, L., Custodio, Josë B.A., Cavaleiro, C., Sousa, M.C. (2011). Atividade anti-Giardia do óleo essencial de *Syzygium aromaticum* e do eugenol: Efeitos no crescimento, viabilidade, aderência e ultraestrutura. *Exp. Parasitol.* 127 732-739.

Maciel, M.V., Morais, S.M., Bevilaqua, C.M.L., Silva, R.A., Barros, R.S., Sousa, R.N., Sousa, L.C., Brito, E.S., Souza-Neto, M.A. (2010). Composição química de óleos essenciais de Eucalyptus spp. e seus efeitos inseticidas sobre Lutzomyia longipalpis. *Vet. Parasitol.* 167, 1-7.

Martin, W., Brinkmann, H., Savona, C., Cerff, R. (1993). Evidence for a chimeric nature of nuclear genomes: Eubacterial origin of eukaryotic glyceraldehyde-3-phosphate dehydrogenase genes. *Proc. Natl. Acad. Sci.* U.S.A. 90, 8692-8696.

Martin, W., Cerff, R. (1986). Prokaryotic features of a nucleus-encoded enzyme. cDNA sequences for chloroplast and cytosolic glyceraldehyde-3-phosphate dehydrogenases from mustard (*Sinapis alba*). *Eur. J. Biochem.* 159, 323-331.

Martinez-Cayuela, M. (1995). Radicais livres de oxigénio e doenças humanas. *Biochem.* 77, 147161.

McDonald, B.B. (1962). Síntese de ácido desoxirribonucleico por micro e macronúcleos de *Tetrahymena pyriformis. J. Cell. Biol.* 13, 193-203.

Meilhoc, E., Cam, Y., Skapski, A., Bruand, C. (2010). A resposta ao óxido nítrico do simbionte fixador de nitrogénio Sinorhizobium meliloti. *Mol. Plant. Microbe Interact.* 23, 748-759.

Meyer, R.R., Boyd, C.R., Rein, D.C., Keller, S.J. (1972). Efeitos do brometo de etídio no crescimento e morfologia de Tetrahymena pyriformis. *Exp. Cell. Res.* 70 (1), 233-237.

Meyer-Gauen, G., Herbrand, H., Cerff, R., Martin, W. (1998). [+]Estrutura do gene, expressão em *Escherichia coli* e propriedades bioquímicas da gliceraldeído-3-fosfato desidrogenase dependente de NAD dos cloroplastos de *Pinus silvestris. Gene.* 209, 167-174.

Meyer-Gauen, G., Schnarrenberger, C., Cerff, R., Martin, W. (1994). [+]Caracterização molecular de uma nova gliceraldeído-3-fosfato desidrogenase dependente de NAD, codificada por via nuclear, em plastídeos da gimnospérmica *Pinus sylvestris* L. *Plant. Mol. Biol.* 26,

11551166.

Meyer-Siegler, K., Mauro, D.J., Seal, G., Wurzer, J., deRiel, J.K., Sirover, M.A. (1991). Uma uracil DNA glicosilase nuclear humana é a subunidade 37-kDa da gliceraldeído-3-fosfato desidrogenase. *Proc. Natl. Acad. Sci.* EUA. 88 (19), 8460-8464.

Mishra P. K., Shukla R., Singh P., Prakash B., Dubey N. K. (2012). Eficácia antifúngica e antiaflatoxigénica de Caesulia axillaris Roxb. óleo essencial contra fungos que deterioram algumas matérias-primas à base de plantas e a sua atividade antioxidante. *Ind. Crop. Prod.* 36, 74-80.

Mohr, S., Hallak, H., De Boitte, A., Lapetina, E.G., Brune, B. (1999). S- Glutationa induzida por óxido nítrico e inativação da gliceraldeído-3-fosfato desidrogenase. *J. Biol. Chem.* 274 (14), 9427-9430.

Mojica, E.R., Deocaris, C.C., Endriga, M.A. (2004). Óleos essenciais como agentes anti-protozoários. *Philipp. J. Crop. Sci.* 29 (3), 41-43.

Moncada, S., Palmer, R. M., Higgs, E. A. (1991). Nitric oxide: physiology, pathophysiology and pharmacology. *Pharmacol. Rev.* 43, 109-142.

Morigasaki, S., Shimada, K., Ikner, A., Yanagida, M., Shiozaki, K. (2008). A enzima glicolítica GAPDH promove a sinalização do stress por peróxido através de um fosforelay de múltiplos passos para uma cascata MAPK. *Mol. Cell.* 30 (1), 108-113.

Mounaji, K., Erraiss, N.E., Iddar, A., Wegnez, M., Serrano, A., Soukri, A. (2002). Gliceraldeído-3-fosfato desidrogenase do tritão *Pleurodeles waltl.* Purificação de proteínas e caraterização de um gene *gap C. Comp. Biochem. Physiol. B.* 131, 411-421.

Mountassif, D., Baibai, T., Fourrat, L., Moutaouakkil, A., Iddar, A., ElKebbaj, M.S., Soukri, A. (2009). Purificação por imunoafinidade e caraterização da gliceraldeído-3-fosfato desidrogenase de eritrócitos humanos. *Ata Biochim. Biophys. Sin.* 44 (5), 399-406.

Mountassif, D., Kabine, M., Manar, R., Bourhim, N., Zaroual, Z., Latruff, N., El Kebbaj, M. (2007). Alterações fisiológicas, morfológicas e metabólicas em *Tetrahymena pyriformis* para a avaliação da citotoxicidade *in vivo* da poluição metálica: Impacto na D-B-hidroxibutirato desidrogenase. *Ecol. Indic.* 7, 882-894.

Mourey, A., Canillac, N. (2002). Atividade anti-Listeria monocytogenes de componentes de óleos essenciais de coníferas. *Controlo Alimentar.* 13, 289- 292.

Muzykantov, V.R. (2001). Direcionamento da superóxido dismutase e da catalase para o endotélio vascular. *J. Control. Release.* 71 (1), 1-21.

Nanney, D.L., McCoy, J.W. (1976). Caracterização das espécies do complexo *Tetrahymena pyriformis. Trans. Am. Microsc. Soc.* 95, 664-682.

Nilsson, J.R. (1979). Phagotrophy in Tetrahymena. Em "Biochemistry and Physiology of Protozoa" (Levandowsky, M e Hunter, S.H., eds), 2ª ed, Academic Press, Nova Icrque. Vol. 2, pp. 339-379.

Packer, L., Tritschler, H.J., Wessel, K. (1997). Neuroprotecção pelo antioxidante metabólico ácido alfa-lipóico. *Free Radic. Biol. Med.* 22, 359-378.

Paoletti, F., Aldinucci, D., Mocali, A., Carparrini, A. (1986). Um método espetrofotométrico sensível para a determinação da superóxido dismutase em extractos de tecidos. *Anal. Biochem.* 154 (2), 526-541.

Patterson, R.L., van Rossum, D.B., Kaplin, A.L., Barrow, R.K., Snyder, S.H. (2005). O complexo recetor de inositol 1,4,5-trisfosfato/GAPDH aumenta a libertação de Ca^{2+} através de NADH derivado localmente. *Proc. Natl. Acad. Sci.* USA. 102 (5), 1357-1359.

Perry, N.S., Bollen, C., Perry, E.K., Ballard, C. (2003). Sálvia para a terapia da demência:

revisão da atividade farmacológica e ensaio clínico piloto de tolerabilidade. *Pharmacol. Biochem. Behav.* 75, 651-659.

Pincemail, J., Bonjean, K., Cayeux, K., Defraigne, J.O. (2002). Ação fisiológica das defesas antioxidantes. *Nutr. Clin. Metabol.* 16, 233-239.

Poli, G. (1993). Lesões hepáticas devidas a radicais livres. *Br. Med. Bull.* 49 (3), 604-620.

Pousada, R.C., Cyrne, M.L., Hayes, D. (1979). Caracterização de partículas de ribonucleoproteínas pré-ibossómicas de *Tetrahymena pyriformis*. *Eur. J. Biochem.* 102 (2), 389-397.

Powers, S.K., Jackson, M.J. (2008). Stress oxidativo induzido pelo exercício: mecanismos celulares e impacto na produção de força muscular. *Physiol. Rev.* 88, 1243-1276.

Powers, S.K., Lennon, S.L. (1999). Analysis of cellular responses to free radicals: focus on exercise and skeletal muscle. *Proc. Nutr. Soc.* 58, 1025-1033.

Preiss, J., Kosuge, T. (1970). Regulação da atividade enzimática em sistemas fotossintéticos. *Ann. Rev. Plant. Physiol.* 21, 433-466.

Proust, B. (2006). Petite Gëomëtrie des Parfums. Edições do Seuil. Paris. 126.

Pupillo, P. (1972). A especificidade da gliceraldeído-3-fosfato desidrogenase em plantas verdes, Euglena e Ochromonas. *Phytochem.* 11, 153-161.

Puytorac, P.De., Batisse, A., Bohatier, J., Corliss, J.O., Deroux, G., Didier, P., Dragesco, J., Fryd-Versavel, G., Grain, J., Groliere, C.A., Hovasse, R., Iftode, F., Laval, M., Roque, M., Savoie, A., Tuffrau, M. (1974). Proposta de classificação do filo Ciliophora doflein, 1901. *C. R. Acad. Sci.* Paris, 278, 2799-2802.

Ralser, M., Wamelink, M.M., Kowald, A., Gerisch, B., Heeren, G., Struys, E.A., Klipp, E., Jakobs, C., Breitenbach, M., Lehrach, H., Krobitsch, S. (2007). O redireccionamento dinâmico do fluxo de hidratos de carbono é fundamental para contrariar o stress oxidativo. *J. Biol.* 6 (4), 10.

Repine, J. E., Bast, A., Lankhorst, I. (1997). Stress oxidativo na doença pulmonar obstrutiva crónica. Grupo de Estudo do Stress Oxidativo. *Am. J. Respir. Crit. Care Med.* 156, 341357.

Richard, H. (1992). Épices et Aromates. Technologie et Documentation Lavoisier. Paris. 339.

Robert, G. (2000). Os Sentidos do Perfume. Osman Eroylles Multimedia. Paris. 224.

Robertson EF, Dannelly HK, Malloy PJ e Reeves HC (1987) Focagem isoeléctrica rápida num sistema vertical de minigel de poliacrilamida. *Anal. Biochem.* 167, 290-294.

Roche, E., Romero-Alvira, D. (1996). Alterações do ADN induzidas pelo stress oxidativo. *Med. Clin.* 106, 144-153.

Rogstam, A., Larsson, J.T., Kjelgaard, P., Wachenfeldt, C.V. (2007). Mecanismos de adaptação ao stress nitrosativo em *Bacillus subtilis*. *J. Bacteriol.* 189 (8), 3063-3071.

Ruzicka, L. (1953). A regra do isopreno e a biogénese dos compostos terpénicos. *Experientia.* 9, 357-396.

Ryrfeldt, A., Bammenberg, G., Moldius, P. (1993). Radicais livres e doenças pulmonares. *Br Med Bull.* 49 (3), 588-603.

Sachdev, S., Davies, K.J.A. (2008). Produção, deteção e respostas adaptativas aos radicais livres no exercício. *Free Rad. Biol.* Med. 44, 215-223.

Sahoo, R., Sengupta, R., Ghosh, S. (2003). Nitrosative stress on yeast: inhibition of glyoxalase-I and glyceraldehyde-3-phosphate dehydrogenase in the presence of GSNO. *Biochem. Biophys. Res. Commun.* 302 (4), 665-670.

Salmon, A.B., Richardson, A., Përez, V.I. (2010). Atualização sobre a teoria do estresse oxidativo do envelhecimento: o estresse oxidativo desempenha um papel no envelhecimento ou no envelhecimento saudável? *Free Radic. Biol. Med.* 48, 642-655.

Samokyszyn, V. M., Marnett, L. J. (1990). Inibição da peroxidação lipídica microssomal hepática pelo ácido 13-cis-retinóico. *Free Radic. Biol. Med.* 8 (5), 491-496.

Satir, B.H., Wissig, S.L. (1982). Alveolar sacs of *Tetrahymena*: Ultrastructural characteristics ans similarities to subsurface cisterns of muscle and nerve. *J. Cell. Sci.* 55, 13-33.

Scherz-shouval, R., Elazar, Z. (2011). Regulação da autofagia por ROS: fisiologia e patologia. *Trends Biochem. Sci.* 36, 30-38.

Schlapfer, B.S., Zuber, H. (1992). Clonagem e sequenciação dos genes que codificam a gliceraldeído-3-fosfato desidrogenase, a fosfoglicerato quinase e a triosefosfato isomerase (gap operon) do *Bacillus megaterium* mesofílico: comparação com as sequências correspondentes do *Bacillus stearothermophilus* termófilo. *Gene.* 122, 53-62.

Schuppe-Koistinen, I., Moldc'us, P., Bergman, T., Cotgreave, I.A. (1994). S-tiolação da gliceraldeído-3-fosfato desidrogenase de células endoteliais humanas após tratamento com peróxido de hidrogénio. *Eur. J. Biochem.* 221 (3), 1033-1037.

Sen, N., Hara, M., Ahmed, A.S., Cascio, M.B., Kamiya, A., Ehmsen, J.T., Aggrawal, N., Hester, L., Dore, S., Snyder, S.H., Sawa, A. (2009). GOSPEL: Uma nova proteína neuroprotectora que se liga à GAPDH após S-nitrosilação. *Neuron.* 63 (1), 81-91.

Senatore, F. (1996). Influência da época de colheita no rendimento e na composição do óleo essencial de um tomilho (Thymus pulegioides L.) selvagem da Campânia (Sul de Itália). *J. Agric. Food Chem.* 44, 1327-1332.

Serrano, A., Mateos, M. I., Losada, M. (1993). Transidrogenação e ionização da água por ATP num sistema modelo reconstituído de gliceraldeído-3-fosfato desidrogenase (fosforilante e não fosforilante). *Biochem. Biophys. Res. Commun.* 197(3), 1348-1356.

Sevanian, A., Hochstein, P. (1985). Mecanismos e consequências da peroxidação lipídica em sistemas biológicos. *Annu. Rev. Nutr.* 5, 365-390.

Silva, J., Abebe, W., Sousa, S.M., Duarte, V.G., Machado, M.I.L., Matos, F.J.A. (2003). Efeitos analgésicos e anti-inflamatórios de óleos essenciais de eucalipto. *J. Ethncpharmacol.* 89, 277-283.

Sirover, M.A. (2005). Novas funções nucleares da proteína glicolítica, gliceraldeído-3-fosfato desidrogenase, em células de mamíferos. *J. Cell. Biochem.* 95, 45-52.

Slater, T. F. (1984). Mecanismos de radicais livres na lesão de tecidos. *Biochem. J.* 222, 1-15.

Slaughter, J.C., Davies, D.D. (1968). Inibição da 3-fosfoglicerato desidrogenase por 1-serina. *Biochem. J.* 109, 749-755.

Sorg, O. (2004). Stress oxidativo: um modelo teórico ou uma realidade biológica? *C. R. Biol.* 327, 649-662.

Soukri, A., Hafid, N., Valverde, F., Elkebbaj, M.S., Serrano, A. (1996). Evidence for a posttranslational covalent modification of liver glyceraldehyde-3-phosphate dehydrogenase in hibernating jerboa (*Jaculus orientalis*). *Biochim. Biophys. Ata.* 1292, 177-187.

Stadtman, E.R., Berlett, B.S. (1998). Reactive oxygen-mediated protein oxidation in aging and disease. *Drug. Metab. Rev.* 30, 225-243.

Stamler, J.S., Singel, D.J., Loscalzo, L. (1992). Biochemistry of nitric oxide and its redox-activated forms. *Science.* 258, 1898-1902.

Stocker, R., Keaney, F. Jr (2004). Role of oxidative modifications in atherosclerosis (Papel das modificações oxidativas na aterosclerose). *Physiol. Rev.* 84, 1381-1478.

Sun, J.H., Xin, C.L., Eu, J.P., Stamler, J.S., Meissner, G. (2001). A cisteína-3635 é responsável pela modulação do recetor de rianodina do músculo esquelético pelo NO. *Proc.*

Natl. Acad. Sci. EUA. 98, 11158-11162.

Tamoi, M., Ishikawa, T., Takeda, T., Shigeoka, S. (1996). Caracterização enzimática e molecular da gliceraldeído-3-fosfato desidrogenase dependente de NADP de *Synechococcus* PCC 7942: resistência da enzima ao peróxido de hidrogénio. *Biochem. J.* 316, 685-690.

Tisdale, E.J. (2001). Glyceraldehyde-3-phosphate dehydrogenase is required for vesicular transport in the early secretory pathway. *J. Biol. Chem.* 276 (4), 2480-2486.

Tozlua, E., Cakirb, A., Kordalic, S., Tozluc, G., Ozerd, H., Akcine, T.A. (2011). Composições químicas e efeitos insecticidas de óleos essenciais isolados de Achillea gypsicola, Satureja hortensis, Origanum acutidens e Hypericum scabrum contra o gorgulho da fava (Bruchus dentipes). *Sci Hort.* 130, 9-17.

Vacchi, C., Piccari, G.G., Pupillo, P. (1973). Caracterização da gliceraldeído-3-fosfato desidrogenase ligada ao NADP de *Euglena gracilis*. *Z. Pflanzenphysiol.* 69, 351358.

Valko, M., Leibfritz, D., Moncol, J., Cronin, M.T.D., Mazur, M., Telser, J. (2007). Radicais livres e antioxidantes em funções fisiológicas normais e doenças humanas. *Biocell.* 39, 44-84.

Valko, M., Rhodes, C.J., Moncol, J., Izakovic, M. (2006). Radicais livres, metais e antioxidantes no cancro induzido pelo stress oxidativo. *Chemico-Biol. Interact.* 160, 1-40.

Valverde, F., Losada, M., Serrano, A. (1997). [+]Functional complementation of an Escherichia coli gap mutant supports an an anphibolic role for NAD(P) -dependent glyceraldehyde-3-phosphate dehydrogenase of Synechocystis sp. Stran PCC 6803. *J. Bacteriol.* 179, 4513-4522.

Vertuani, S., Angusti, A., Manfredini, S. (2004). A rede de antioxidantes e pró-antioxidantes: uma visão geral. *Curr. Pharm. Des.* 10 (14), 1677-1694.

Wassman, S., Wassman, K., Nichenig, G. (2004). Modulação da expressão e função de enzimas oxidantes e antioxidantes em células vasculares. *Hypertension.* 44, 381-386.

Wenqtang, G., Shufen, L., Ruixiang, Y., Shaokun, T., Can, Q. (2007). Comparação de óleos essenciais de botões de cravinho extraídos com dióxido de carbono supercrítico e outros três métodos de extração tradicionais. *Food chem.* 1001, 1558-1564.

Wolfe, J. (1973). Conjugação em *Tetrahymena*. A relação entre o ciclo de divisão e o emparelhamento celular. *Dev. Biol.* 35, 221-231.

Yonushot, G.R., Orthwerth, B.J., Koeppe, O.J. (1970). Purificação e propriedades de um fosfato de nicotinamida adenina dinucleótido que requer gliceraldeído-3-fosfato desidrogenase das folhas de espinafre. *J. Biol. Chem.* 245, 4193-4198.

Yu, B.P. (1994). Defesas celulares contra danos causados por espécies reactivas de oxigénio. *Physiol Rev.* 74 (1), 139-162.

Zabka M., Pavela R., Slezakova L. (2009). Efeito antifúngico do óleo essencial de *Pimenta dioica* contra fungos patogénicos e toxinogénicos perigosos. *Ind. Crop. Prod.* 30, 250-253.

Zelko, I.N., Marian, T.J., Folz, R.J. (2002). Superoxide dismutase multigene family: a comparison of the CuZn-SOD (SOD1), Mn-SOD (SOD2) and EC-SOD (SOD3) gene structures, evolution and expression. *Free Rad. Biol. Med.* 33, 337-349.

Zeyuan, D., Bingyin, T., Xiaolin, L., Jinming, H., Yifeng, C. (1998). Efeito do chá verde e do chá preto na glucose sanguínea, nos triglicéridos sanguíneos e na antioxidação em ratos idosos. *J. Agric. Food Chem.* 46(10), 3875-3878.

Zhang, J., Snyder, S.H. (1992). O óxido nítrico estimula a auto-ADP-ribosilação da gliceraldeído-3-fosfato desidrogenase. *Proc. Natl. Acad. Sci. EUA.* 89 (20), 9382-9385.

Zhao, Y., Nakashima, S., Andoh, M., Nozawa, Y. (1997). Clonagem e sequenciação de um cDNA que codifica a gliceraldeído-3-fosfato desidrogenase de *Tetrahymena thermophila*: alterações associadas ao crescimento na sua expressão de mRNA. *J. Euk. Microbiol.* 44 (5), 434-437.

Printed by Books on Demand GmbH, Norderstedt / Germany